Florian H. H. Brill

Mikrobielle Besiedlung und Materialzerstörung von Gummimaterialien

Florian H. H. Brill

Mikrobielle Besiedlung und Materialzerstörung von Gummimaterialien

in wasserführenden Systemen

Südwestdeutscher Verlag für Hochschulschriften

Impressum/Imprint (nur für Deutschland/only for Germany)
Bibliografische Information der Deutschen Nationalbibliothek: Die Deutsche Nationalbibliothek verzeichnet diese Publikation in der Deutschen Nationalbibliografie; detaillierte bibliografische Daten sind im Internet über http://dnb.d-nb.de abrufbar.
Alle in diesem Buch genannten Marken und Produktnamen unterliegen warenzeichen-, marken- oder patentrechtlichem Schutz bzw. sind Warenzeichen oder eingetragene Warenzeichen der jeweiligen Inhaber. Die Wiedergabe von Marken, Produktnamen, Gebrauchsnamen, Handelsnamen, Warenbezeichnungen u.s.w. in diesem Werk berechtigt auch ohne besondere Kennzeichnung nicht zu der Annahme, dass solche Namen im Sinne der Warenzeichen- und Markenschutzgesetzgebung als frei zu betrachten wären und daher von jedermann benutzt werden dürften.

Verlag: Südwestdeutscher Verlag für Hochschulschriften GmbH & Co. KG
Heinrich-Böcking-Str. 6-8, 66121 Saarbrücken, Deutschland
Telefon +49 681 37 20 271-1, Telefax +49 681 37 20 271-0
Email: info@svh-verlag.de

Zugl.: Essen, Universität Duisburg-Essen, Dissertation, 2010

Herstellung in Deutschland:
Schaltungsdienst Lange o.H.G., Berlin
Books on Demand GmbH, Norderstedt
Reha GmbH, Saarbrücken
Amazon Distribution GmbH, Leipzig
ISBN: 978-3-8381-2961-7

Imprint (only for USA, GB)
Bibliographic information published by the Deutsche Nationalbibliothek: The Deutsche Nationalbibliothek lists this publication in the Deutsche Nationalbibliografie; detailed bibliographic data are available in the Internet at http://dnb.d-nb.de.
Any brand names and product names mentioned in this book are subject to trademark, brand or patent protection and are trademarks or registered trademarks of their respective holders. The use of brand names, product names, common names, trade names, product descriptions etc. even without a particular marking in this works is in no way to be construed to mean that such names may be regarded as unrestricted in respect of trademark and brand protection legislation and could thus be used by anyone.

Publisher: Südwestdeutscher Verlag für Hochschulschriften GmbH & Co. KG
Heinrich-Böcking-Str. 6-8, 66121 Saarbrücken, Germany
Phone +49 681 37 20 271-1, Fax +49 681 37 20 271-0
Email: info@svh-verlag.de

Printed in the U.S.A.
Printed in the U.K. by (see last page)
ISBN: 978-3-8381-2961-7

Copyright © 2012 by the author and Südwestdeutscher Verlag für Hochschulschriften GmbH & Co. KG and licensors
All rights reserved. Saarbrücken 2012

Inhaltsverzeichnis

1. Einleitung und theoretische Grundlagen 3
1.1 Geschichte des Kautschuks 3
1.2 Materialeigenschaften Gummi 4
1.3 Biofilme und mikrobielle Materialzerstörung 11
1.4 Biofilme auf und mikrobielle Materialzerstörung von Gummi 13
1.5 Charakterisierung der Prüforganismen 23
1.6 Ziele der vorliegenden Arbeit 27
2. Material und Methoden 28
2.1 Testmaterialien 28
2.1.1 Spezifikation der Testmaterialien 28
2.1.2 Vorbereitung der Testmaterialien 28
2.1.3 Bestimmung der Oberfläche der Testmaterialien 29
2.2 Nährmedien 29
2.3 Testorganismen 32
2.4 Stammkulturführung 33
2.5 Lebendzellzahlbestimmung 33
2.6 Agardiffusionstest in Anlehnung an DIN 58940 34
2.7 Anheftungsversuche 34
2.8 Visualisierungsverfahren 35
2.8.1 Fluoreszenzmikroskopische Untersuchungen 35
2.8.2 Rasterkraftmikroskopische Untersuchungen 36
2.9 Wachstumsversuche 36
2.10 Wachstumskontrolle von Bakterienkonsortien mittels DGGE 36
2.10.1 Polymerasekettenreaktion (PCR) 37
2.10.2 Denaturierende Gradientengelelektrophorese (DGGE) 39
2.11 GC- und GC-MS Analyseverfahren 41
2.12 Gummi-Abbauversuche 42
2.13 Isolierungsversuche 42
3. Ergebnisse 44
3.1 Bestimmung der Oberfläche der Gummimaterialien 44
3.2 Agardiffusionstests 45
3.3 Anheftungsversuche 48
3.4 Mikroskopische Visualisierungen 51
3.5 Wachstumsversuche 60
3.6 Wachstumskontrolle mittels DGGE 65
3.7 Bestimmung des Fettsäurespektrums 68
3.8 Gummi-Abbauversuche 70

3.9	Isolierungsversuche	77
4.	Diskussion	78
4.1	Mikrobielle Besiedlung synthetischen Gummis	78
4.2	Mikrobielles Wachstum mit synthetischen Gummimaterialien	80
4.3	Mikrobielle Materialzerstörung synthetischen Gummis	85
4.4	Schlussfolgerungen	89
4.5	Ausblick	89
5.	Zusammenfassung	92
6.	Literatur	94
7.	Abkürzungsverzeichnis	109

1. Einleitung und theoretische Grundlagen

Gummidichtungen in wasserführenden Systemen tragen entscheidend zur langfristigen Dichtigkeit der Leitungssysteme bei. Ob ein Leitungssystem z. B. eine Trinkwassertransportleitung wie gewünscht über Jahrzehnte dicht ist, hängt direkt von der Materialbeständigkeit der Bauteile ab. Die zentralen Fragestellungen dieser Arbeit sind, ob vulkanisierter, synthetischer Kautschuk, der für die Herstellung von Dichtungen eingesetzt wird, mikrobiell abbaubar ist und ob eine Besiedlung durch die Mikroorganismen nachgewiesen werden kann. Nachfolgend wird in die Thematik eingeführt und die theoretischen Grundlagen dargelegt.

1.1 Geschichte des Kautschuks

Bereits bei Ausgrabungen von Maya-Kulturstätten zwischen dem 10. und 7. Jahrhundert vor Christus sind Darstellungen von Gummibällen und Ballspielen gefunden worden. Wahrscheinlich brachte Christopher Columbus solche Gummibälle aus Naturkautschuk (NR) Ende des 15. Jahrhunderts von Haiti nach Europa. 1755 beschrieb La Condamine die Gewinnung von NR aus dem Milchsaft des Kautschukbaums *Hevea brasiliensis* durch Indianer in der Amazonasregion. Sie setzten das gewonnene Material als Klebstoff u. a. zur Fertigung von Schuhen und wasserdichten Gefäßen ein. Im Jahre 1759 wurde die erste Schiffsladung mit NR aus dem brasilianischen Bundesstaat Pará nach Portugal geliefert. Bereits 1772 wurden Radiergummi aus Naturkautschuk in London und Paris verkauft. Die Engländer Peal und MacIntosh erfanden 1791 die ersten gummierten, wasserdichten Gewebe (Beneke 1996, Röthemeyer et Sommer 2006).

Der US-Amerikaner Goodyear entwickelte 1839 das Vulkanisationsverfahrens von Naturkautschuk zu Gummi (siehe Kapitel „*Vulkanisation*"). Damit waren die ersten industriellen Anwendungen des nun haltbar gemachten Materials möglich geworden. Dieses Potenzial erkannte der Engländer Henry Wickham. Er schmuggelte 1876 70.000 Samen von *Hevea brasiliensis* nach England. Nach erfolglosen Züchtungsversuchen in einem botanischen Garten in London wurde um 1880 die NR-Erzeugung in die britischen Kolonien im südostasiatischen Raum z. B. nach Ceylon, Java und Burma verlegt. Auf Plantagen erfolgte anschließend die industrielle Produktion von NR. Bereits zur Jahrhundertwende zum 20. Jahrhundert war das Monopol des brasilianischen Kautschuks gebrochen. Heute hat die brasilianische Kautschukproduktion nur noch einen Anteil von unter 1 % an der Weltproduktion.

Zur Aufklärung der Struktur von NR erfolgten 1860 chemische Untersuchungen durch Williams (1860). Er identifizierte die Pyrolyseprodukte Isopren und Dipenten. Die Polymerisation von Isopren-Monomeren durch Pummerer (1931) zu einem NR-identischen Material bewies die Struktur von NR (Röthemeyer et Sommer 2006).

1.2 Materialeigenschaften Gummi

Gummi ist die allgemeine Bezeichnung für vulkanisierte natürliche oder synthetische Kautschuke. Kautschuk ist nach DIN 53501 (1980) die Bezeichnung für „unvernetzte, aber vernetzbare (vulkanisierbare) Polymere mit kautschuk-elastischen Eigenschaften bei 20 °C". Bei höheren Temperaturen und/oder unter Einfluss deformierender Kräfte zeigen Kautschuke viskoses Fließen. Daher können sie formgebend auch in komplizierter Geometrie verarbeitet werden und dienen als Ausgangsstoffe für die Gummiherstellung. Die Vernetzbarkeit des Kautschuks beruht auf dem Vorhandensein funktioneller Gruppen wie ungesättigter Kohlenstoff/Kohlenstoff-Bindungen, Hydoxy- oder Isocyanat-Gruppen. Der Prozess der intermolekularen Verknüpfung dieser Gruppen wird als Vulkanisation bezeichnet. Die Eigenschaften des Materials werden durch die Wahl des Kautschuktyps, der Vernetzungsart, des Vernetzungsgrades sowie dem Zusatz von Additiven wie Weichmachern oder Antioxidationsmitteln an den Einsatzbereich angepasst. Diese Polymerrezepturen werden unter anderem zur Produktion von Fahrzeugreifen, Schläuchen, Riemen, Gurten, Handschuhen, Kabelisolierungen und Dichtungen aller Art eingesetzt. Es kommen hierbei je nach Anwendungsgebiet sowohl Natur- als auch Synthese-Kautschuk-Arten zum Einsatz (Römpp 1999, Engels et al. 2007, Röthemeyer et Sommer 2006).

Gewinnung von Naturkautschuk

Naturkautschuk wird aus dem weißen Milchsaft dikotyledoner Pflanzen gewonnen. Die Kurzbezeichnung lautet abgeleitet vom Englischen „natural rubber" nach DIN ISO 1629 (2004) „NR". Nahezu 99 % des NR wird aus dem Latex von Kautschukbäumen gewonnen, welches beim Anritzen der Sekundärrinde ausfließt. Für die Kautschukproduktion ist der Baum *Hevea brasiliensis* aus der Gruppe der Wolfsmilchgewächse (Euphorbiaceae) wirtschaftlich am wichtigsten. Dieser Baum ist im Amazonasgebiet heimisch und erreicht eine Höhe zwischen 15 und 20 m bei einem Stammdurchmesser von 60 bis 74 cm. Heutzutage wird dieser Baum in Plantagen zur Kautschukgewinnung in den meisten tropischen Regionen Afrikas, Asiens sowie Südamerikas intensiv angebaut. Andere kautschukführende Pilze und Pflanzen wie der Guttaperchabaum (*Palaquium gutta*) oder die in Deutschland heimische Gänsediestel (*Sonchus oleraceus*) spielen bei der kommerziellen Kautschukgewinnung eine untergeordnete Rolle. Ein mittelgroßer Kautschukbaum produziert täglich ca. 7 g Latex (5 kg/Baum/Jahr), welches eine Emulsion von 0,5 bis 1 µm großen NR-Tröpfchen in Wasser ist.

Latex enthält typischerweise 33 % NR, 1 bis 1,5 % Proteine, 1 bis 2,5 % Harze, 1 % Zucker, < 1 % Asche und 61 bis 63 % Wasser. Der Latex wird mit bis zu 0,2 % Ammoniak konserviert und z.b. durch Zentrifugation konzentriert. Aus diesem Latexkonzentrat wird durch Säurekoagulation z.b. mit Essigsäure und Trocknung durch Heißluft oder Räuchern NR hergestellt. NR besteht dann aus 92 bis 96 % Kautschuk, 2 bis 3 % Proteinen, 0,2 bis 1 % Asche und 0,3 bis 1,2 % Wasser. Er besitzt eine Dichte von 0,93 g/cm², ist farb- und geruchlos und kann auf das Fünffache seiner Länge gedehnt werden. Er leitet Wärme und Strom schlecht, wird bei 3 bis 4 °C spröde, über 145 °C klebrig und zwischen 170 und 180 °C flüssig. NR verbrennt mit stark rußender Flamme. Die chemische Grundeinheit ist 1,4-cis-Isopren (= 2- Methyl-1,3-Butadien = C₅H₈, Abbildung 1).

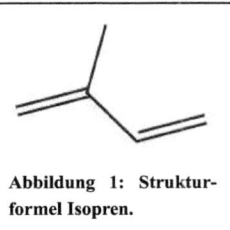

Abbildung 1: Strukturformel Isopren.

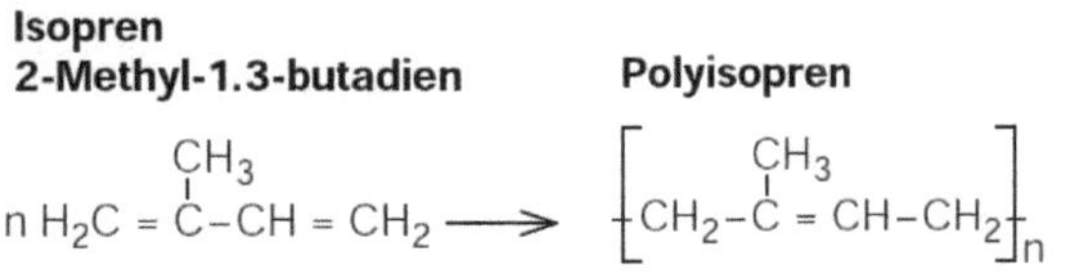

Während einer enzymatisch katalysierten Biosynthese entstehen zunächst Isopentyl- und Farnesylpyro-phosphat als Vorstufen von Isopren. Die Isopreneinheiten polymerisieren dann spontan zu Polyisopren (siehe Abbildung 2), so dass sich ein natürlicher Polymerisationsgrad zwischen 8.000 und 30.000 einstellt Kautschuk wurde wegen seiner eingeschränkten Lagerbeständigkeit erst nach der Erfindung der Vulkanisation industriell nutzbar (Römpp 1999, Röthemeyer et Sommer 2006).

Isopren
2-Methyl-1.3-butadien   **Polyisopren**

$$n\ H_2C = \underset{CH_3}{C} - CH = CH_2 \longrightarrow \left[CH_2 - \underset{CH_3}{C} = CH - CH_2 \right]_n$$

Abbildung 2: Strukturformel von Isopren und Polyisopren.

Synthetischer Kautschuk

Wegen beschränkter Verfügbarkeit von Naturkautschuk und zur Optimierung der Materialeigenschaften z. B. der mikrobiellen Beständigkeit wird Kautschuk seit den 1930er Jahren auch synthetisch hergestellt. Strategische Bedeutung erlangte im Zweiten Weltkrieg als NR-Äquivalent Styrol-Butadien-Kautschuk (SBR). SBR ist ein Co-Polymer aus 1,3-Butadien (ca. 76,5 %) und Styrol (ca. 23,5 %) und bis heute der erfolgreichste synthetische Kautschuk. Seit Mitte der 1950er Jahre kann ein naturverwandtes synthetisches Poly(cis-1,4-isopren) mit cis-1,4-isopren-Anteil von 91 – 99 % hergestellt werden. Die Materialeigenschaften dieses der Natur nachempfundenen Materials ist jedoch trotz der fast identischen Struktur des Polymers unterschiedlich. Naturkautschuk hat einen cis-1,4-isopren-Anteil von 100 %. Ethylen-Propylen-Dien-Kautschuk (EPDM) wird aus Ethylen, Propylen und einem konjugierten Dien z. B. 1,4-Hexadien synthetisiert. EPDM ist nach der Vulkanisation im Gegensatz zu SBR und Naturkautschuk weitgehend frei von reaktiven Doppelbindungen und ist daher besonderes witterungs- und alterungsbeständig. Durch die ähnli-

che Struktur können für Natur- und Synthesekautschuk vergleichbare Zusatzstoffe „Kautschukchemikalien" eingesetzt werden, um das Produkt zu formulieren (siehe „Vulkanisation" und „Weitere Additive und Kautschukchemikalien") (Sommer 2006).
Sowohl EPDM als auch SBR sind mikrobiell beständiger als Naturkautschuk. Eine wichtige Bedeutung haben diese Materialien u. a. zur Herstellung von Dichtungen für Trink- und Abwassertransportleitungen. Deshalb wurden sie als Testmaterialien in der vorliegenden Arbeit eingesetzt. Die Materialeigenschaften im Einzelnen können der Tabelle 1 entnommen werden.

Vulkanisation

1839 entwickelte der Amerikaner Goodyear die Heißluftvulkanisation (Goodyear 1839), mit deren Hilfe der Naturkautschuk für hochwertige technische Anwendungen einsetzbar wurde. Bei diesem Verfahren wird der Rohkautschuk zusammen mit Elementarschwefel für ca. eine Stunde auf 130 bis 140 °C erhitzt. Durch Reaktion des Schwefels mit einem Teil der Kohlenstoff-Doppelbindungen der Isopreneinheiten werden die Makromoleküle über Schwefelbrücken quervernetzt. Diese Vernetzungsreaktion führt zu einem unlöslichen und thermoplastisch nicht mehr verarbeitbaren Produkt, welches als Gummi bezeichnet wird. Mit der eingesetzten Schwefelmenge wird die Härte des Gummis bestimmt (Engels et al. 2007). Vulkanisationsbeschleuniger z. B. Xanthgenate und Dithiocarbamate können den Zeitbedarf für die Vulkanisation deutlich verkürzen (Bögemann 1938). So wird z. B. ein NR-Schwefel-Zinkoxid-Gemisch durch Zusatz
von 1 % Zinkmethyldithiocarbamat schon bei 120 °C in einigen Minuten vulkanisiert. In speziellen Situationen kommen auch Vulkanisationsverzögerer wie organische Säuren z. B. Benzoe- oder Salicylsäure zum Einsatz. Es kann sinnvoll sein, die Vernetzung zu verzögern und damit die Flexibilität des Materials zu steuern.

Weitere Additive oder Kautschukchemikalien

Weitere Zusatzstoffe zu den verschiedenen Natur- und Synthesekautschuk-Rezepturen, mit denen die Eigenschaften des Materials auf den Anwendungszweck eingestellt werden, sind Füllstoffe wie Ruße, Silikate oder Kieselsäuren, Pigmente zur Farbgebung wie organische Farbstoffe oder Titandioxid und Weichmacher wie z. B. Mineralöle. Als Alterungsschutzmittel gegen Oxidation, UV-Strahlung, Hydrolyse etc. werden z. B. aromatische Amine und Phenole, als Konservierungsmittel u. a. gegen Termiten und Mikroorganismen Chlorphenole und Phosphorsäureester eingesetzt. Seltener kommen Spezialstoffe für spezielle Eigenschaften zum Einsatz. Dieses sind z. B. Treibmittel (Nitrosamine, Hydrazide) für poröse Materialien, Flammschutzmittel wie chlorierte Alkane, geruchsverbessernde Mittel, Haftmittel oder Trennmittel zur Verringerung der Klebrigkeit (Römpp 1999, Sommer 2006, Engels et al. 2007).

Tabelle 1: Vergleich der Materialeigenschaften verschiedener Kautschukarten (Römpp 1999, Röthemeyer et Sommer 2006, Engels et al. 2007).

Name des Kautschuks	Naturkautschuk	Styrol-Butadien-Kautschuk	Ethylen-Propylen-Dien-Kautschuk
Internationale Kurzbezeichnung	NR	SBR	EPDM
Handelsnamen, Beispiele	SMR	Buna-Hüls, Solprene	Buna AP, Keltan, Nordel
Kohlenwasserstoffketten (ISO 1629)	Ungesättigt	Ungesättigt	Gesättigt
Härtebereich Shore A	25 – 95	35 - 90	25 – 90
Zerreißfestigkeit [N / mm^2] bei + 20f C	ca. 28	ca. 25	ca. 20
Bruchdehnung	ca. 600%	ca. 400%	ca. 450%
Rückprallelastizität bei + 20 f C	Ausgezeichnet	Gut	Gut
Verschleißfestigkeit	Sehr gut	Sehr gut	Gut
Widerstand gegen bleibende Verformung	Sehr gut	Gut	Gut
Temperaturbeständigkeit, Kurzzeit: 70 h	90 °C	120 °C	160 °C
Temperaturbeständigkeit, Langzeit: 1000 h	70 °C	100 °C	130 °C
Witterungs-und Ozonbeständigkeit	Ungenügend	Ungenügend	Sehr gut
Beständigkeit verdünnte Säuren	Mäßig	Mäßig	Sehr gut
Beständigkeit verdünnte Laugen	Gut	Gut	Sehr gut
Beständigkeit Mineralöle, unpolare und aromatische Kohlenwasserstoffe	Ungenügend	Ungenügend	Ungenügend
Beständigkeit polare Kohlenwasserstoffe	Gut	Gut	Sehr gut
Permeabilität	Mäßig	Ungenügend	Mäßig bis ungenügend
Gasundurchlässigkeit	Befriedigend	Befriedigend	Befriedigend
Bindung zu Metall	Ausgezeichnet	Sehr gut	Befriedigend
Bindung zu Gewebe	Ausgezeichnet	Gut	Befriedigend
Dielektrische Eigenschaften	Sehr gut	Gut	Sehr gut
Dampfbeständigkeit	Gering	Gut	Sehr gut
In Lebensmittelgüte lieferbar	Ja	Ja	Beschränkt

Wirtschaftliche Bedeutung von Gummi

Seit Beginn des 19. Jahrhunderts wird Naturkautschuk industriell eingesetzt. Die jährliche Produktion hat sich bis 2008 auf über 10 Millionen Tonnen entwickelt, wobei ca. 88 % der Weltproduktion in Süd-Ost-Asien erfolgte (IRGS 2009,

Tabelle 2,). 2008 wurden zudem über 12,5 Millionen Tonnen synthetischen Gummis hergestellt. Die Region Asien-Ozeanien hatte hier mit ca. 46 % den größten Marktanteil (IRGS 2009, Tabelle 4). Ca. 65 bis 75 % des Kautschuks werden für die Produktion von Lkw- und Pkw-Reifen verwendet (Muller 2000). Die wichtigsten Konsumenten von Gummi sind die EU, Nordamerika und China (Tabelle 3,

Tabelle 5).

Tabelle 2: Die fünf wichtigsten Produzenten von Naturkautschuk 2006 bis 2008 (IRGS 2009).

	Land	2006		2007		2008	
		1000 t	%*	1000 t	%*	1000 t	%*
1	Thailand	3.137	31,9	3.056	31,2	3.020	29,7
2	Indonesien	2.637	26,8	2.797	28,6	2.824	27,8
3	Malaysia	1.284	13,0	1.200	12,3	1078	10,6
4	Indien	853	8,7	807	8,2	880	8,7
5	Vietnam	554	5,6	602	6,2	663	6,5
	Gesamt	9.846	100,0	9.782	100,0	10.167	100,0

* Marktanteil in %

Tabelle 3: Die fünf wichtigsten Konsumenten von Naturkautschuk 2006 bis 2008 (IRGS 2009).

	Land	2006		2007		2008	
		1000 t	%*	1000 t	%*	1000 t	%*
1	China	2.400	26,0	2.550	23,3	2.723	24,8
2	USA	1.003	10,9	1.018	9,3	1.130	10,3
3	Japan	874	9,5	888	8,1	868	7,9
4	Indien	815	8,8	851	7,8	956	8,7
5	Malaysia	383	4,2	448	4,1	839	7,7
	Gesamt	9.226	100,0	10.957	100,0	10.959	100,0

* Marktanteil in %

Tabelle 4: Produzenten von synthetischem Gummi nach Regionen 2007 und 2008 (IRGS 2009).

	Land	2007		2008	
		1000 t	%*	1000 t	%*
1	Asien/Ozeanien	5.916	44,1	5.926	46,3
2	Nordamerika	2.790	20,8	2.410	18,8
3	Europäische Union	2.684	20,0	2.502	19,6
4	Sonstiges Europa	1.285	9,6	1.182	9,2
5	Süd- und Mittelamerika	684	5,1	691	5,4
6	Afrika	71	0,5	78	0,6
	Gesamt	13.430	100,0	12.789	100,0

* Marktanteil in %

Tabelle 5: Konsumenten von synthetischem Gummi nach Regionen 2007 und 2008 (IRGS 2009).

	Land	2007		2008	
		1000 t	%*	1000 t	%*
1	Asien/Ozeanien	6.506	49,0	6.257	49,8
2	Europäische Union	2.514	18,9	2.373	18,9
3	Nordamerika	2.129	16,0	1.897	15,1
4	Sonstiges Europa	1.009	7,6	891	7,1
5	Süd- und Mittelamerika	864	6,5	890	7,1
6	Afrika	105	0,8	105	0,8
	Gesamt	13.278	100,0	12.568	100,0

* Marktanteil in %

1.3 Biofilme und mikrobielle Materialzerstörung

Nahezu alle natürlichen Oberflächen wie chronische Wunden (Serralta et al. 2001, James et al. 2008) und Gestein z. B. von Bauwerken (Warscheid et al. 1989, Bock et Sand 1991, Mansch et Bock 1998, Kemmling et al. 2004) sowie künstliche Werkstoffoberflächen bis hin zu medizinischem Equipment werden mit Biofilmen besiedelt, sobald ausreichend Wasser und Nährstoffe verfügbar sind (Flemming et Wingender 2001, Francolini et al. 2003). Im unerwünschten Fall wird dies bei technischen Anwendungen als „Biofouling" bezeichnet (Flemming 2002). Die Bedeutung der mikrobiellen Oberflächenbesiedlung wurde in den 1970er Jahren erkannt (Characklis 1973 a und b). Sie stellt die wahrscheinlich älteste Lebensform auf der Erde dar (Schopf et al. 1983). Für die mikrobielle Besiedlung von Oberflächen wurde 1984 auf der Dahlem-Konferenz der Begriff „Biofilm" geprägt (Marshall 1984).

Es konnte gezeigt werden, dass Biofilme ubiquitär sind und für Bakterien die vorherrschende und bevorzugte Lebensform darstellen (Costerton et Irvin 1981, Costerton et al. 1987, Flemming et Wingender 2001). Biofilme setzen sich aus Mikroorganismen und den von ihnen sezernierten extrazellulären polymeren Substanzen (EPS), verschiedenen Nährstoffen, Stoffwechselendprodukten und 70 bis 98 % Wasser zusammen (Flemming et Schaule 1996). Die EPS bestehen aus verschiedenen Biopolymeren und bilden eine stark hydratisierte gelartige Matrix, in der die Mikroorganismen immobilisiert sind (Costerton et Irvin 1981, Costerton et al. 1987, Flemming et Wingender 2002). Als Diffusionsbarriere für gelöste Gase (z. B. Sauerstoff) und Feststoffe sowie aufgrund des Wasserbindungsvermögens bietet diese Matrix vor allem Schutz vor Austrocknung, erhöhten Salz- und Schwermetallbelastungen, Bioziden, mechanischer Belastung und Detergentien (Schopf et al. 1983, LeChevallier 1988, LeChevallier 1991, Flemming 1995, Flemming et Wingender 2002, Stoodley et al. 2002).

Die Genese eines Biofilms vollzieht sich in fünf Phasen (Abbildung 3): In der ersten Phase bildet sich an der Grenzfläche zwischen Feststoff und Flüssigkeit ein so genannter „conditioning film" infolge der Adsorption von im Wasser gelösten organischen Verbindungen und Huminstoffen sowie stark hydrophoben Stoffen. An diesen Film heften erste Mikroorganismen reversibel an (van Loosdrecht et al. 1990 a und b, Marshall 1992, Neu 1992). In der zweiten Phase beginnt die Bildung von EPS der primär angehefteten Mikroorganismen üblicherweise einer Spezies. Die Primäranheftung wird durch Diffusion, Chemotaxis sowie elektrostatische und hydrophobe Wechselwirkungen gesteuert (Marshall et al. 1971). In der dritten Phase erfolgt die irreversible Anheftung der Zellen an die Grenzfläche. Eine Ablösung der Mikroorganismen ist nur noch durch Einsatz starker mechanischer Kräfte möglich. In dieser Phase bildet sich die EPS-Matrix des Biofilms aus. In der vierten Phase „wächst" der Biofilm dreidimensional und unterschiedliche Spezies nisten sich in ihrer passenden ökologischen Mikronische ein. In der fünften Phase (Plateauphase) liegt ein dynamisches Gleichgewicht zwischen Anheftung- und Ablösungsprozessen des Biofilms vor (O'Toole et al. 2000). Die Steuerung der Biofilmbildung und des Lebensprozesse im Biofilm erfolgt über interzelluläre Kommunikation, das so genannte „quorum sensing". Hierzu werden z. B. Homoserin-Lactone als Botenstoffe ausgeschieden, die diese Art der Kommunikation ermöglichen (Davies et al. 1998, Stoodley et al. 2002, Mack et al. 2004). Unter anderem bei *Pseudomonas aeruginosa, Staphylococcus aureus* und *Staphylococcus epidermidis* konnte gezeigt werden, dass diese Kommunikation auf genetischer Ebene gesteuert wird (Mack et al. 2004, Sakuragi et Kolter 2007).

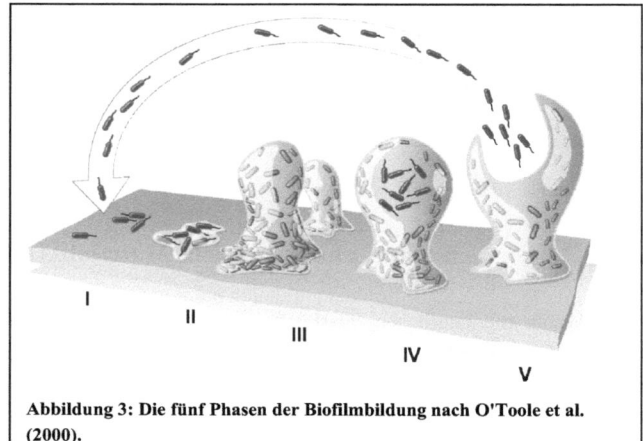

Abbildung 3: Die fünf Phasen der Biofilmbildung nach O'Toole et al. (2000).

Biofouling kann in verschiedenen technischen Bereichen problematisch sein z. B. durch Aufwuchs von Biofilmen auf Wärmetauschern, Besiedlung von Kühlschmierstoffen bei der Metallver- und Metallbearbeitung, Elektroden, in Heiß- und Kühlwassersystemen sogar in Atomkraftwerken sowie in Trink- und Abwassertransportleitungen kann die Funktion dieser Bauteile eingeschränkt werden (Flemming et Wingender 2001, Flemming 2002, Brill et Brill 2008). Außer auf Grenzflächen von festen Medien zu Wasser entwickeln Biofilme sich auch zwischen Wasser und Luft sowie zwischen Feststoff und Luft z. B. auf Gebäuden (Krumbein 1968, Mansch et Bock 1998, Flemming et Wingender 2002, Flemming 2002, Kemmling et al. 2004).

Durch Biofouling kann mikrobielle Korrosion induziert werden. Verschiedene Mikroorganismen wie Schimmelpilze, Salpeter- oder Schwefelsäure bildende Bakterien sowie Bakterien des Eisen- und Mangan-Kreislaufs aber auch anaerobe Sulfat reduzierende Bakterien (SRB) sind in der Lage z. B. durch Bildung von anorganischen Säuren Werkstoffe wie Metalle, Kunststoffe, Betone anzugreifen und zu zerstören oder die Zerstörung zu beschleunigen. Diese Vorgänge werden als „Microbial Influenced Corrosion" bezeichnet (MIC, englisch mikrobiell beeinflusste Korrosion, Brill 1995). Fast alle technischen Produkte sind der biogenen Zerstörung ausgesetzt. Das betrifft nicht nur Holz, Leder, Textilien, Papiere und Pappen, Farben, Lacke, Klebstoffe, Leime, Mineralöle und Kohlenwasserstoffe, sondern auch Produkte, von denen lange Zeit angenommen wurde, dass sie dem biogenen Abbau widerstehen wie Betone, Glas, Mauersteine, Dachziegel, Natursteine, Metalle, Kunststoffe und Gummi. Es ist daher erforderlich Präventivmaßnahmen zu ergreifen, um Produkte und Werkstoffe zu schützen (Hamilton 1985, Eckhardt 1985, Sand 1987, Sand et Bock 1991, European Federation of Corrosion 1992, Heitz et al. 1996). Großen wirtschaftlichen Schaden richten diese mikrobiellen Prozesse in Trink- und Abwasserleitungen sowie in Wasserkreisläufen an. Bei der biogenen Schwefelsäurekorrosion in Abwassertransportleitungen aus Beton zerstören Schwefel oxidierende Bakterien den Werkstoff oft innerhalb weniger Jahre so stark, dass er ausgetauscht werden muss (Sand 1987).

1.4 Biofilme auf und mikrobielle Materialzerstörung von Gummi

Bereits zu Beginn der industriellen Gummiproduktion wurde in der Praxis festgestellt, dass Naturkautschuk in vielen Bereichen nicht über lange Zeiträume einsetzbar ist, weil sich die Materialeigenschaften verändern. Neben seiner schlechten Beständigkeit z. B. gegenüber Hitze und UV-Strahlung sowie Säuren, Basen und Benzin konnte auch mikrobieller Bewuchs und mikrobielle Materialzerstörung auf Naturkautschuk festgestellt werden (Söhngen et Pol 1914). Diese Eigenschaft von Naturprodukten ist heute allgemein bekannt und limitiert den Einsatz in sensiblen Bereichen wie Transportleitungen für Trinkwasser (Leeflang 1963, 1968, Nickerson 1969, Becker et Gross 1974, Doležel 1978, Zyska 1981, Williams 1985, Seal 1988, Arenskötter et al. 2002).

Biofilme und Biofouling auf Gummi

Im Bereich der Trinkwasserversorgung kann neben der Beeinträchtigung der Materialeigenschaften durch mikrobielle Besiedlung auch ein hygienisches Risiko entstehen, wenn pathogene Mikroorganismen auf diesen Materialien einen Biofilm und damit ein Keimreservoir bilden, aus welchem das Trinkwasser kontinuierlich kontaminiert wird (Thofern et Schoenen 1982, LeChevallier 1990, Camper 1994, Flemming et al. 2002, Kilb et al. 2003, Lethola et al. 2004). Ein besonderes Problem ist in diesem Zusammenhang, dass Biofilme eine deutlich verringerte Sensitivität gegenüber bioziden Wirkstoffen wie Chlor zeigen (LeChevallier 1988, LeChevallier 1991). Die deutsche Trinkwasserverordnung von 1990 sowie die aktuelle Trinkwasserverordnung auf Basis der EG-Richtlinie Nr. L 330 von 1998 (TrinkwV 1990, EG 1998, TrinkwV 2001) haben jedoch strenge Grenzwerte insbesondere für pathogene Mikroorganismen z. B. 0 KBE/100 mL Trinkwasser für *Escherichia coli*, coliforme Bakterien und *Pseudomonas aeruginosa* gesetzt. Diese Grenzwerte sind insbesondere in Gegenwart von Gummimaterialien nur schwierig einzuhalten (van der Kooij 2003). 1977 zeigten Simmann et al., dass dauerelastische Dehnungsfugen aus Kunststoff in einem Schwimmbad mit einer schleimigen Schicht bedeckt wurden. Die mikrobiologische Analyse ergab ein breites Spektrum von Mikroorganismen (Bakterien, Pilze, Grünalgen, eukaryotische Einzeller) zu denen u. a. der Dermatophyt *Trichophyton metagrophytes* und das humanpathogene Bakterium *Pseudomonas aeruginosa* gehörten. Wahrscheinlich handelte es sich um einen Biofilm, jedoch war dieser Begriff damals noch nicht etabliert. Ähnliche Beläge mit hohen Koloniezahlen bis $2,2 \times 10^9$ KBE/mL in „Schleim" fanden Schoenen et Dott (1977) auf Dehnungsfugen (Thiokolbasis) eines Trinkwasserspeichers. Ein Chlor-Kautschuk-Anstrich konnte die Schleimbildung auf den Dichtungsmaterialien nicht verhindern. Die Autoren wiesen darauf hin, dass „die im Trinkwasserbereich verwandten Dichtungsmaterialien einer praxisnahen hygienischen Prüfung unterzogen werden" sollten (Schoenen et Dott 1977). Bei einer mikrobiologischen Untersuchung der zitierten Chlor-Kautschuk-Anstriche wurde festgestellt, dass diese stark durch Mikroorganismen besiedelt werden (Schoenen et Thofern 1981, Thofern et Schoenen 1982, Frensch et al. 1987). Jedoch reduziert sich der Bewuchs im Laufe der Einsatzzeit und bleibt nach ein bis 1,5 Jahre ganz aus. Die Autoren gehen davon aus, dass die Besiedlung durch Nährstoffe z. B. Lösungsmittel hervorgerufen wurde, die aus dem Anstrich abgegeben wurden. Diese Nährstoffe werden durch Luft und Wasserkontakt gleichermaßen extrahiert. Vergleichbare Ergebnisse ergaben Langzeituntersuchungen an Bitumenanstrichen (Thofern et al. 1978). Schofield et Locci (1985) zeigten, dass Gummimaterialien in Heißwassersystemen durch *Legionella pneumophila* – Auslöser der Legionärskrankheit (Hambleton et al. 1983) – im Vergleich zu anderen Materialien wie Edelstahl am stärksten besiedelt wurden. 1988 wurde gezeigt, dass Rohr- und Schlauchmaterialien im Trinkwasserbereich unter anderem in einem Krankenhaus die Keimzahlen im Wasser beeinflussen und die Kontamination mit hygienerelevanten Bakterien wie *Legionella pneumophila* fördern können (Colbourne et al.

1984, Schoenen et al. 1988, Schoenen et Wehse 1988). In Westdeutschland konnten Biofilme auf gummibeschichteten (EPDM und NBR) Ventilen als Quelle einer anhaltenden Kontamination des Wasserkörpers durch coliforme Bakterien (insbesondere *Citrobacter spec.*) identifiziert werden. Sanierungsversuche durch Spülen und Chlorung waren nicht erfolgreich (Kilb et Lange 2001, Kilb et al. 2003). Für Silikon-Elastomermaterialien konnten ähnliche Resultate gefunden werden (Holmes et al. 1989, Simhi et al. 2000, Wallström et al. 2002). Silikone zeigen zum Teil ähnliche Materialeigenschaften wie Natur- und Synthesegummi sind aber chemisch deutlich verschieden und werden in dieser Arbeit nicht weiter betrachtet.

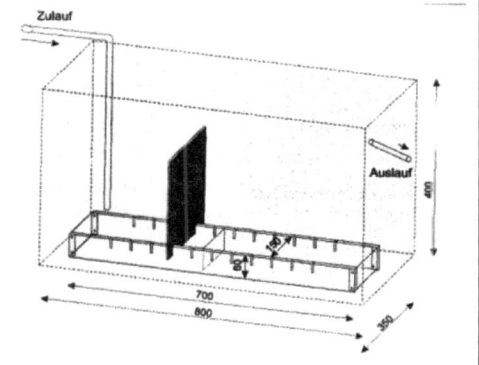

Abbildung 4: Prüfeinrichtung zum Nachweis der mikrobiologischen Eignung von Materialien für Trinkwassertransportsysteme nach DVGW-Arbeitsblatt W 270 (DVGW 1999, 2007).

Neben der Biofilm-Problematik in Trinkwassersystemen sind auch im Lebensmittelsektor Probleme durch Gummimaterialien manifest geworden (Trachoo 2003). Ronner und Wong (1993) zeigten, dass die beiden human pathogenen lebensmittelverderbenden Bakterien *Listeria monocytogenes* und *Salmonella typhimurium* auf Edelstahl, Nitrilgummi und EPDM einen Biofilm bilden. Die Mikroorganismen in diesem Biofilm waren durch verschiedene handelsübliche Desinfektionsmittel auf Basis quaternärer Ammoniumverbindungen, Chlor und Iod deutlich schwieriger zu inaktivieren als bei den Vergleichsuntersuchungen mit planktonischen Zellen (Wong 1998). In den 1970er Jahren waren nicht antimikrobiell ausgerüstete Gummi-Schuhsohlen weltweit ein Herd von Dermatophyten (Zyska 1981, 1983). Ein mit Silber ausgerüstetes Gummimaterial war jedoch in der Lage, der Bildung von *Pseudomonas aeruginosa*-Biofilmen entgegen zu wirken (De Prijck et al. 2007).

Unter anderem haben die dargestellten Erkenntnisse dazu geführt, dass die Deutsche Vereinigung des Gas- und Wasserfaches e.V. (DVGW) das Arbeitsblatt W 270 „Vermehrung von Mikroorganismen auf Werkstoffen für den Trinkwasserbereich – Prüfung und Bewertung" (DVGW 1999, 2007) erarbeitet hat und der Britische Standard 7874 (1998) entwickelt wurde. Die DVGW gibt Vorschriften und Arbeitsblätter heraus, die Herstellern und Handwerkern als Vorgaben dienen wie Materialien auszuwählen und Installationen fachgerecht auszuführen sind. Diese Richtlinien haben in Deutschland einen ähnlichen Status wie DI-Normen und repräsentieren den Stand der Technik. Das Arbeitsblatt W 270 beschreibt einen praxisorientierten Test zur Feststellung der Eignung von Materialien in Trinkwasserinstallationen. Nur Materialien, die diese Prüfung bestanden haben, dürfen für die Installation eingesetzt werden. Es werden Probekörper (üblicherweise 20 cm x 20 cm x 0,2 cm) in einem Prüfbecken über drei Monate bei 12 °C ± 5 °C fließendem Trinkwasser ausgesetzt (siehe Abbildung 4). Material- und einsatzspezifische Grenzwerte sind für das Biofilmvolumen definiert worden. Der Grenzwert für Dichtungsmaterialien, die für die Verbindung und Abdichtung von Rohrleitungsstücken zum Einsatz kommen sollen, liegt bei ≤ 0,20 + 0,03 mL/800 cm^2.

Neben dem hygienischen Risiko können Biofilme auf Gummimaterialien auch Materialveränderungen und -zerstörungen auslösen, wenn die im Biofilm lebenden Mikroorganismen Gummi als Substrat nutzen können. Bei der mikrobiellen Beeinträchtigung von Naturkautschuk und Gummi spielen verschiedene Grundvoraussetzungen eine entscheidende Rolle. Unvulkanisierter Naturkautschuk findet keinen nennenswerten technischen Einsatz. Das Ziel für Naturkautschuk muss daher sein, die von den Kautschukbäumen produzierten Latexemulsionen, so zu konservieren, dass sie innerhalb von Tagen bis Monaten weiterverarbeitet werden können. Im Gegensatz dazu wird Naturgummi (vulkanisierter Kautschuk) und synthetischer Gummi, vielfältigen technischen Einsatzmöglichkeiten zugeführt und dazu mit spezifischen Hilfsstoffen ausgerüstet. Insbesondere Gummidichtungen in Wassertransportleitungen oder Kabelisolierungen müssen über Jahrzehnte mikrobiologisch und chemisch stabil sein. Nachfolgend wird der Stand des Wissens zur mikrobiellen Materialzerstörung und -veränderung von Gummimaterialien zusammenfassend dargestellt.

Mikrobielle Beständigkeit von Naturkautschuk

Als Söhngen und Fol ihre Arbeit „Die Zersetzung des Kautschuks durch Mikroben" 1914 veröffentlichten war umstritten, ob Mikroorganismen Naturkautschuk verändern oder zerstören können. Während Hugot (1907) die Materialveränderungen hauptsächlich dem Einfluss von Mikroorganismen zuschrieb, waren verschiedene andere Autoren der Ansicht, dass Mikroorganismen bei den beobachteten Materialveränderungen - wenn überhaupt - eine untergeordnete Rolle spielen (Bertrand 1909, Spence 1909, Petch 1910). Söhngen und Fol (1914) konnten zeigen, dass Naturkautschuk von *Actinomyces*-Stämmen (*Actinomyces elasticus, Actinomyces fuscus*) assimiliert werden kann und das verschiedene Schimmelpilzarten (u. a. *Aspergillus spec., Penicillium spec.*) auf Naturkautschuk wachsen und diesen verfärben können. Diese Resultate wurden 1936 von Spence und van Niel bestätigt (1936). Sie konnten einen 36 bis 70 %igen Gewichtsverlust von gereinigtem Latex durch mikrobiellen Abbau innerhalb von 28 Tagen nachweisen. Weitere Autoren machten ebenfalls *Actinomyceten* und Schimmelpilze für intensiven Abbau von Latex verantwortlich (Kalinenko 1938, Low et al. 1992). Taysum (1966) zeigte, dass sich in Roh-Latex-Emulsionen auch bei Konservierung mit Formiat oder Ammonium Keimzahlen von bis zu

10^8 KBE/mL entwickelten und während des Transportes zur Weiterverarbeitung Kautschukmaterial verloren ging. Eine Konservierung mit 0,03 % Ethylenoxid oder 0,3 % Formaldehyd konnte dieses Problem abmildern (Graham et Taysum 1963, Taysum 1966). Eine Verbesserung der Konservierung von Latex bis zur Verarbeitung konnte mit einer zweiten Konservierungsmittelgabe nach 0,3 bis 0,5 % Ammonium z. B. von Isothiazolinonen, Chlorphenolen, para-Chlorometalkresol oder Hydroxylaminsulfaten erreicht werden (John et al. 1976, Shum et Wren 1977).

Mikrobielle Beständigkeit von Naturgummi (NR) und synthetischem Poly(cis-1,4-isopren)

Die frühesten Veröffentlichungen zum mikrobiellen Abbau vulkanisierten Naturkautschuks (= Gummi = NR) stammen aus den 1940er Jahren. Es wurde signifikanter Sauerstoffverbrauch und Kohlendioxidbildung bei Bakterien- und Schimmelpilzkulturen nachgewiesen, die mit NR als einziger Energie- und Kohlenstoffquelle kultiviert wurden (ZoBell et Grant 1942, ZoBell et Beckwith 1944). Die mikrobielle Veränderung von Isoliermaterial aus NR für Elektroleitungen, die im Boden verlegt waren, bis zum Verlust der Isolierfähigkeit wurde gezeigt (Blake et Kitchin 1949, Blake et al. 1950, 1953, 1955), wobei Boden-Schimmelpilze als Verursacher nachgewiesen wurden (Petzold et Efer 1987).

Ausgehend von einem wasserseitig mikrobiell zerstörten Dichtungsring aus einem Wasserwerk wies Rook (1955) nach, dass reiner vulkanisierter Naturkautschuk mikrobiell abbaubar ist. Mit Hilfe eines Latex-Agars (Spence et van Niel 1936) konnten von diesen Gummiringen zwei *Streptomyces*-Stämme isoliert werden. Klare Zonen als Zeichen des Abbaus auf diesem zunächst durch den Latex trüben Agar entstanden. Diese Stämme verringerten außerdem die Dehnfähigkeit und Rissfestigkeit von NR deutlich und verursachten Löcher im Testmaterial. Nette et al. demonstrierten (1959), dass NR durch *Actinomyceten* und Schimmelpilze bewachsen, aber nur durch drei *Actinomyceten*-Isolate zerstört werden konnte. Dies bestätigten weitere Forscher (Hanstveit et al. 1988, Hagerop et Aben 1991) in weiterentwickelten Testmodellen in Anlehnung an Leeflang (1963, 1968). Cundell et Mulcock erarbeiteten Mitte der 1970er Jahre umfangreiche Daten, die zeigen, dass Dichtungsringe in Wassertransportleitungen aus vulkanisiertem Naturkautschuk mikrobiell zerstört werden (Cundell et al. 1973, Cundell et Mulcock 1972, 1973 a, 1973b, 1975a, 1975b, 1976). Mit NR als Korrosionsschutz ausgekleidete Aktivkohlefilter zur Trinkwasseraufbereitung wurden ebenfalls zerstört (Berger et al. 1993).

Die Fähigkeit von Schimmelpilzen wie *Aspergillus flavus, Aspergillus ustus, Paecilomyces lilacinus, Fusarium solani, Fungi imperfecti, Trichoderma viridae, Auredobasidium pullulans* und Sprosspilzen wie *Candida utilis* NR zu verwerten, konnte über Gewichtsverluste, Veränderung der Partikelgröße und -struktur sowie Ammonium- und Sauerstoffverbrauch auch im Erdeingrabe-Langzeittest – zum Teil über 12 Jahre (Lugauskas et al. 2004) - gezeigt werden (Nickerson et Faber 1975, Faber et Nickerson 1979, Kwiatkowska 1980, Borel et al. 1982, Kwiatkowska et Zyska 1988, Lugauskas et al. 2004). Der so genannte

"White Rot Fungus" *Ceriporiopsis subvermispora* ist ein potenter Ligninabbauer. Für den Ligninabbau bildet dieser Pilz verschiedene Enzyme wie die Lignin-Peroxidase und Kupfer enthaltende Phenol-Peroxidase. Sato et al. (2001, 2003, 2004) konnten zeigen, dass *Ceriporiopsis subvermispora* in der Lage ist, auch NR über Devulkanisation (= Spaltung der Schwefelbrücken) abzubauen (35 % Gewichtsverlust innerhalb 250 Tagen). Das thermophile Archaeon *Pyrococcus furiosus* konnte NR durch anaerobe Desulfurikation (Bredberg et al. 2001) abbauen. Linos et al. isolierten von Reifengummi unter anderem die *Actinomyceten*-Stämme *Gordonia polyisoprenivorans* und *Gordonia westfalica*, die auch in der vorliegenden Arbeit für weitere Untersuchungen eingesetzt wurden. Diese Stämme sowie *Nocardia*-Stämme waren in der Lage, NR und synthetisches Poly(*cis*-1,4-isopren) enzymatisch zu verwerten, welches vorab mit Aceton extrahiert worden war. Mittels Rasterelektronenmikroskop konnte der Einfluss der Organismen auf das Material gezeigt werden (Tsuchii et al. 1985, Linos et Steinbüchel 1996, 1998, Linos et al. 1999, Linos et al. 2000 a, Arenskötter et al. 2001, Linos et al. 2002, Rose et Steinbüchel 2005, Ibrahim et al. 2006, Yikmis et al. 2008, Arenskötter et al. 2008). In Versuchen über 360 Tage konnten zeitabhängige starke Oberflächenveränderungen an NR mittels Rasterelektronen-Mikroskopie nachgewiesen werden (Reszka et al. 1975). Heisey et Papadatos (1995) zeigten, dass *Amycolatopsis*-, *Nocardia*- und *Streptomyces*-Stämme z. B. *Streptomyces halstedii* > 10 % NR innerhalb von sechs Wochen abbauen können. Zeitgleich wurden Proteine ins Nährmedium sezerniert (Jendrossek et al. 1997). Es wurde gezeigt, dass ein *Nocardia*-Stamm NR-Material aus Reifen innerhalb von acht Wochen komplett assimilieren konnte (Tsuchii et Tokiwa 1999, 2006). Ebenfalls konnte die Verwertung von NR aus z. B. Handschuhen durch einen *Nocardia*-, einen *Achromobacter*- und einen *Bacillus*-Stamm gezeigt werden (Berekaa et al. 2005, Berekaa et al. 2006, Cherian et Jayachandran 2009). Bode et al. konnten nachweisen (2000, 2001), dass *Steptomyces coelicolor* und *Pseudomonas citronellolis* NR und synthetisches Poly(*cis*-1,4-isopren) abbauen und auf diesen Materialien wachsen können. Das Wachstum war dabei signifikant stärker als bei *Streptomyces lividans*, der Gummi nicht verwerten kann. Drei Abbauprodukte konnten isoliert werden. Warneke et al. zeigten, dass auch vulkanisiertes Poly(*trans*-1,4-isopren), welches als Grundpolymer des Naturkautschuk von *Gutta percha* ist, durch verschiedene *Actinomyceten* abbaubar ist (2007). Exoenzyme von *Xanthomonas spec.* waren auch in zellfreien Extrakten in der Lage Latex und Naturgummi sowie synthetisches Polyisopren anzugreifen (Tsuchii et Takeda 1990, Braaz 2005, Braaz et al. 2005, Braaz et al. 2006). Ein *Pseudomonas*-Stamm war in der Lage sowohl peroxidisch vernetzten als auch unvernetzten Naturkautschuk zu mineralisieren (Roy et al. 2006 a und b).

Synthetischer Kautschuk und synthetischer Gummi

Leeflang (1963, 1968) isolierte von zerstörten vulkanisierten Naturkautschuk-Dichtungen *Streptomyces spec.* Von Rooks (1955, siehe oben) Gummi-Proben konnte Leeflang ebenfalls *Streptomyces spec.* isolieren. Leeflang entwickelte ein mit Wasser durchströmbares

Becken, in welches Probematerial eingehängt werden kann. Hiermit konnten die Bedingungen in Trinkwasserleitungen praxisorientiert unter kontrollierten Laborbedingungen nachgestellt werden. Dieses Prüfverfahren wurde im DVGW-Arbeitsblatt W 270 (DVGW 1999, 2007, siehe oben) und in den Britischen Standard 7874 (1998) übernommen. In diesem Becken prüfte Leeflang auch synthetischen Gummi wie SBR und Nitril-Gummi (NBR) auf seine Beständigkeit. Diese Gummiarten wurden im Gegensatz zu Natur-Gummi innerhalb von bis zu zwei Jahren nicht angegriffen (Leeflang 1963, Geldorf 1964). Über diesen Zeitraum war die Konservierung des NR nicht ausreichend, um den mikrobiellen Angriff zu verhindern. Voraussichtlich wurden die wasserlöslichen Biozide aus dem Material ausgewaschen. Bei mit NBR als Korrosionsschutz ausgekleideten Öltanks wurde festgestellt, dass *Cladosporium resinae*, der aus Kerosin isoliert wurden, diese Auskleidung innerhalb von vier bis sechs Tagen schädigen kann. Polyurethan-Filme waren dagegen über 120 Tage resistent. Eine fungistatische Ausrüstung konnte diese Schädigung zwar hinaus zögern, jedoch nicht verhindern (Hazzard et Kuster 1965). Dubok et al. (1971) stuften u. a. NBR als resistent, Fluorin-Gummi als semi-resistent und EPDM sowie NR als nicht resistent gegenüber dem Befall mit Schimmelpilzen ein. NR, SBR und Butyl-Gummi zeigten sich im Einsatz als Kabelisolierungen ungenügend resistent gegenüber dem Angriff durch Mikroorganismen und Insekten. Isolierungseigenschaften und Zugfestigkeit waren nach einer Versuchsdauer von einem Jahr nicht mehr ausreichend. Die Resultate zeigten in dieser Hinsicht eine Überlegenheit von NBR (Connolly 1972). Produkte, die aus NR oder synthetischem Gummi und anderen Substanzen wie Bitumen oder Harz bestanden, förderten das Wachstum von *Aspergillus niger* und *Pseudomonas*-Stämmen wie *Pseudomonas aeruginosa* (Pankhurst et al. 1972). Es konnte gezeigt werden, dass Hilfsstoffe in Gummirezepturen wie Weichmacher sowie Antiozonsubstanzen wie Paraffin sehr sensibel gegenüber Schimmelpilzbefall sind (Lazâr et Ioachimescu 1973, Williams 1983, 1984). Williams (1982) zeigte in Erdeingrabetests, dass synthetische und natürliche Polyisoprene wie Naturgummi insbesondere durch Schimmelpilze wie *Penicillium variabile* abbaubar sind, jedoch synthetische Gummipolymere wie SBR nicht oder nur unwesentlich. NBR-Oberflächenveränderungen durch Schimmelpilze wie *Aspergillus niger*, *Trichoderma viridae* und *Aureobasidium pullulans* wurden nachgewiesen (Lugauskas et al. 2004).

Mikrobielle Verwertung von Gummiabfällen

Allein in den USA werden jährlich über 250 Millionen Autoreifen entsorgt (Holst et al. 1998). Diese Abfallmengen wurden Anfang der 1970er Jahre erstmals als problematisch bewertet. Außerdem gab es erste Bedenken zur Abbaubarkeit von Abfall aus synthetischen Polymeren (Nickerson 1971, Faber et Nickerson 1975). Eine biologische Verwertung des Gummis wäre eine optimale Lösung dieses Problems. Tripetchkul et al. (1992) zeigten, dass *Zymononas mobilis* Ethanol aus Glucose mit hydrolisiertem NR-Pulver als zweiter Kohlenstoff- und Energiequelle produzieren kann. Koning et Witholt zeigten, dass es möglich ist, aus Poly-Hydroxyalkanoaten einen durch *Pseudomonaden* biologisch abbaubaren

Gummi herzustellen (1996). Eine weitere Möglichkeit ist die Desulfurikation bzw. Devulkanisation. Bei dieser Technik wird versucht durch Schwefel oxidierende Bakterien z. B. *Acidithiobacillus ferrooxidans* oder *Acidithiobacillus thiooxidans* die durch die Vulkanisation erzeugten Schwefelbrücken aufzuspalten, so dass Sulfat aus dem Material austritt (Holst et al. 1998, Christiansson 1998, Nowaczyk et Domka 1999, Fliermans 2002, Neumann 2007). Jedoch wirken NR-Devulkanisate teilweise toxisch auf diese Bakterien (Nowaczyk et Domka 1999). Aus Abfällen einer Gummifabrik (NR-Produkte) konnten Schimmelpilze der Gattungen *Mucor*, *Aspergillus* und *Rhizopus* isoliert werden. Nur die beiden *Mucor*-Stämme verwerteten die Abfälle effektiv und könnten daher in einer biologischen Klärstufe der Fabrik-Abfälle eingesetzt werden (Atagana et al. 1999). Es wurde gezeigt, dass auch Grünalgen Naturgummiabfälle bei Zugabe von Xylose als zweiter Kohlenstoff- und Energiequelle verwerten können (Oiki et al 2001). Tsuchii et Tokiwa (2001) konnten NR-Reifenmaterialien mit dem Actinomyceten der Gattung *Nocardia* verwerten. Es wurde ein biotechnologisches Verfahren entwickelt, um insbesondere NR-Abfälle zu mineralisieren (Arenskötter et al. 2003). Hierzu wurden insbesondere thermotolerante Gummi abbauende Bakterien z. B. *Gordonia westfalica, Gordonia desulfuricans, Nocardia farcinica* bei 50 °C eingesetzt. Die Kontrolle des Abbaus erfolgte über CO_2-Messungen und Gel-Permeations-Chromatographie (GPC). Marin et al. kamen 2004 auf Basis der vorhandenen wissenschaftlichen Daten jedoch zu dem Schluss, dass die „Devulkanisation" für den großtechnischen Einsatz noch nicht reif ist. Sie äußerten Bedenken bezüglich der technischen Machbarkeit und insbesondere der wirtschaftlichen Sinnhaftigkeit.

Zusammenfassung mikrobielle Materialzerstörung von Gummi

Aufgrund der dargestellten Literaturdaten aus den letzten 100 Jahren muss geschlossen werden, dass Naturkautschuk, Poly(*cis*-1,4-isopren) und vulkanisierter Naturgummi mikrobiell zerstört werden kann (Heap et Morrell 1968, Cundell et Mulcock 1972, Becker et Gross 1975, Zyska 1981, Williams 1985, Jendrossek et Reinhardt 2003, Rose et Steinbüchel 2005). Insbesondere für die Einsatzgebiete „Dichtungsringe in Wassertransportsystemen" und „Kabelisolierungen" sahen dies Taylor und Eggins bereits 1968 als gesichert an. Im Fall von synthetischem Gummi ist auch heute noch noch zu wenig Evidenz vorhanden, um eine endgültige Aussage zu treffen (Tsuchii et Tokiwa 2006). Hierzu wären weitere Resultate hilfreich, um abschätzen zu können, ob mikrobielle Materialzerstörung z. B. von Gummidichtungen in Wassertransportleitungen in der Praxis eine Rolle spielt und deshalb eine besondere Aufmerksamkeit verdient.

Postulierte Abbauwege von Gummi

Die Abbauwege für NR sind noch nicht vollständig aufgeklärt (Rose et Steinbüchel 2005, Tsuchii et Tokiwa 2006). Grundsätzlich kann in zwei verschiedene mögliche Abbauarten unterschieden werden: den enzymatischen Abbau durch Angriff an Kohlenstoff-

Doppelbildungen im Polymer oder an der peroxidischen Quervernetzung sowie die Devulkanisation (auch Desulfurikation), bei der die durch die Vulkanisation mit Elementarschwefel entstandenen Schwefelbrücken aufgespalten werden.

Bei der enzymatischen Kettenspaltung wird in auf Latex-Agar nach Spence und Van Niel (1936) Klärhof bildende und nicht Klärhof bildende Bakterien unterschieden (Linos et al. 2000). Der Klärhof entsteht durch den Abbau der Kautschukbestandteile aus dem vormals trüben Latex-Agar. Klärhof bildende Bakterien z. B. *Streptomyces*- und *Xantomonas*-Stämme müssen nicht an das Material angeheftet sein, um es abbauen zu können(Jendrossek et al. 1997). Die nicht-Klärhof bildenden Bakterien z. B. *Gordonia polyisoprenivorans* und *Gordonia westfalica* (Arenskötter et al. 2001, Arenskötter et al. 2004, Linos et al. 2002) müssen dagegen an das Material angeheftet sein, um es abbauen zu können. (Tsuchii et Tokiwa 2001, Rose et Steinbüchel 2005).

Ein zweistufiger Abbauweg wird postuliert (Tsuchii et Takeda 1990, Jendrossek et al. 1997, Rose et Steinbüchel 2005). Der initiale Abbau beginnt demnach mit der oxidativen Endospaltung des Polymers und wird durch Exoenzyme katalysiert (Faber et Nickerson 1979, Jendrossek et al. 1997, Tsuchii et Takeda 1990, 2006, Ibrahim et al. 2006, Cherian et Jayachandran 2009). Als Abbauprodukte von NR wurden im Kulturmedium Oligomere mit Aldehyd- oder und Ketonendgruppen nachgewiesen. Dies lässt auf einen oxidativen Abbau des Polymergerüsts schliessen, bei dem die Kohlenstoffdoppelbindungen durch z. B. das Latex-Clearing-Protein oder durch substratspezifische Polyisopren-Oxygenasen wie die Heme-abhängige Rubber Oxygenase A (RoxA), Superoxide Dismutase (SodA) oder α-methylacyl-coenzyme A racemase angegriffen werden (Tsuchii et al. 1985, Linos et al. 2000, Jendrossek et al. 2003, Sato et al. 2003, Braaz et al. 2004, Braaz et al. 2005, Braaz 2005, Banh et al. 2005, Rose et Steinbüchel 2005, Ibrahim et al. 2006, Tsuchii et Tokiwa 2006, Ibrahim et al. 2006, Yikmis et al. 2008, Schulte et al. 2008, Bröker et al. 2008, Bröker et Steinbüchel 2008).
Im zweiten Schritt wird ein Abbau der Oligomere durch β-Oxidation mit einer Wasserstoffperoxid abhängigen Oxygenase vorgeschlagen (Linos et Steinbüchel 2001, Bode et al. 2001, Bode et al. 2000, Jendrossek et al. 2003) bzw. eine Cytochrom P450 Monooxygenase und eine Dehydrogenase/Reduktase (Arenskötter et al. 2008). Oligomere mit einem Molekulargewicht von ca. 1000 waren leicht, ab einem Molekulargewicht von 2000 jedoch schwer bzw. langsam abbaubar. Außerdem konnte gezeigt werden, dass schwere Sauerstoff-Isomere O_2^{18} in die nachgewiesenen Zwischenprodukte eingebaut worden sind (Tsuchii et Takeda 1990, Jendrossek et al. 1997).

Ein weiterer Abbauweg ist die aerobe Desulfurikation bzw. Devulkanisation. Bei diesem Abbauweg spalten Schwefel oxidierende Bakterien z. B. *Acidithiobacillus ferrooxidans* und *Acidithiobacillus thiooxidans* oder Pilzen wie *Ceriporiopsis subvermispora,* die durch die Vulkanisation erzeugten Schwefelbrücken durch Oxidation auf. Es tritt Sulfat aus dem Material aus (Holst et al. 1998, Christiansson 1998, Nowaczyk et Domka 1999, Fliermans 2002, Sato et al. 2004, Neumann 2007). Bredberg et al. konnten zeigen, dass das thermophile Archaeon *Pyrococcus furiosus* NR auch durch anaerobe Desulfurikation abbauen kann (2001).

Einfluss von Hilfsstoffen auf die Beständigkeit und Konservierung von Gummimaterialien

Während die Abbaubarkeit von mit Ammonium konserviertem Gummi durch „Ammonium-resistente Bakterien" nachgewiesen wurde (Rhines et McGavack 1954), war die fungistatische Ausrüstung von Gummi für Kabelisolierungen erfolgreich (Kulman 1958). Angove et Pillai (1965) schlugen den Einsatz bestimmter Organo-Zinkverbindungen (z. B. Zink-Diethyl-Dithiocarbamat) als „Sekundär-Konservierungsmittel" in Ergänzung zu Ammonium vor (Taysum 1966). Das traditionelle Räuchern von Gummi zur Konservierung ist dagegen nicht ausreichend zum Schutz vor Schimmelpilzbewuchs der Gattungen *Aspergillus* und *Penicillium* (Heinisch et al. 1961, Heinisch et Nadarajah 1961). Eine fungistatische Ausrüstung mit z. B. Paranitrophenol bot jedoch bereits bei geringen Konzentrationen ab 0,05 % Schutz vor der Materialveränderung durch Schimmelpilze (Heinisch et Kuhr 1957, Henisch et al. 1961). Folgende Konservierungsmittel waren Ende der 1960er Jahre im Einsatz: Phenol-, Naphthalen-, Quinolin-Derivate, Schwefel-, Zink-, Halogen-, quaternäre Ammonium- und Quecksilber-Verbindungen sowie Salicylsäure und deren Derivate (Dunlop 1950 a, 1950 b, Dunlop 1954 a, 1954 b, Kost et al. 1959, Dolezel 1964, Blahnik et Zanova 1965, Rytych 1969). Rytych wies darauf hin, dass es noch kein optimales Konservierungssystem für Gummimaterialien gibt und diese speziell auf Gummipolymer und Rezeptur abgestimmt werden müssen (1969). Weiterhin muss beachtet werden, dass wasserlösliche Konservierungsstoffe aus den Materialien ausgewaschen werden (Hanstveit et al. 1988, Simpson 1988). Um die Konservierung von Latex nach der Gewinnung und vor der Verarbeitung zu verbessern, wurde gezeigt, dass eine zweite Konservierungsmittelgabe nach initial 0,3 bis 0,5 % Ammonium z. B. von Isothiazolinonen, Chlorphenolen, para-Chlorometalkresol oder Hydroxylaminsulfaten ein wirksames Mittel ist (John et al. 1976, Shum et Wren 1977). Simpson (1988) zeigte, dass als ergänzendes Konservierungsmittel verschiedene Phenylen-Diamine, Diphenylamine oder Phenol-Aldehyd-Gemische zur Langzeitstabilisierung von NR beitragen können. Tetrabutylthiuram- (TBTD, Hanstveit et al. 1988, Hagerop et Aben 1991) sowie Tetrametylthiuram-Disulfid (TMTD, Leeflang 1963, Williams 1983, hatten eine sehr gute Konservierungswirkung auf NR. Hanstveit et al. (1988) sowie Hagerop et Aben (1991) demonstrierten, dass die Zugabe von chlorierten Paraffin NR-Rezepturen stabiler gegenüber mikrobiellem Abbau machten. Als Gegenmaßnahme wurden mit Silber ausgerüstete Gummimaterialien entwickelt, die der Biofilmbildung von *Pseudomonas aeruginosa* entgegenwirkten (De Prijck et al. 2007). Lazâr und Ioachimescu (1973) konnten zeigen, dass Hilfsstoffe in Gummirezepturen wie Weichmacher sowie Antiozonsubstanzen wie Paraffin sehr sensibel gegenüber Schimmelpilz-Befall sind. Stearinsäure und Paraffinwachs waren ebenfalls anfällig gegenüber Schimmelpilzwachstum (Williams 1983, 1984). Inerter Russ bzw. „Carbon Black" als Füllstoff erwies sich mit zunehmender Konzentration als vorteilhaft für die Materialstabilität (Zyska et al. 1971, Reszka et al. 1975, Fudalej et al. 1976, Kwiatkowska et al. 1980, Zyska 1981, Williams 1983, Kwiatkowska et Zyska 1988, Tsuchii et al. 1990). Auch eine Erhöhung der Schwefelmenge resultierte in weniger sensitiven Materialien (Williams 1983, Tsuchii et al. 1990).

1.5 Charakterisierung der Prüforganismen

Nachfolgend werden die ausgewählten Prüforganismen beschrieben und deren Auswahl begründet:

Gordonia polyisoprenivorans DSM 44302 und Gordonia westfalica DSM 44215

Gordonia polyisoprenivorans und *Gordonia westfalica* sind grampositive, obligat aerobe Bakterien, welche zur Familie der Actinomyceten gehören (Arenskötter et al. 2001). Sie bilden Kurzstäbchen und ein rudimentäres Mycel. Die Stämme bilden keine Sporen. Die Kolonien sind rund, glatt, glänzend und beige, bei Lichtzutritt färben sich die Kolonien pastell-orange (Linos et al. 1999, Linos et al. 2002, Arenskötter et al. 2004). Beide Stämme wurden von einem verrotteten Autoreifen auf einem Feld in Münster isoliert und charakterisiert (Linos et Steinbüchel 1998). Die phylogenetische Einstufung erfolgte mittels 16S-rDNA-Analysen in die Gattung *Gordonia* und ist nahe verwandt zur Gattung *Rhodococcus*. *Gordonia polyisoprenivorans* kann verschiedene Kohlenstoffquellen z. B. Acetamid, L-Alanin, D-Arabitol, L-Aspartat, Benzoat, Zitronensäure, D-Galactose, Gluconat, L-Rhamnose verwerten und zum Wachstum nutzen (Linos et al. 1999). *Gordonia westfalica* kann beispielsweise folgende Kohlenstoffquellen umsetzen: D-Ribose, D-Arabitol, D-Glucosaminsäure, Citrat, Benzoat (Linos et al. 2002). In Tabelle 6 sind die Fettsäurespektren der beiden Prüfbakterien dargestellt.

Tabelle 6: Fettsäurespektren von *Gordonia polyisoprenivorans* und *Gordonia westfalica* angezüchtet auf einem Vollmedium (Caseinpepton-Sojamehlpepton-Bouillon) nach Linos et al. 1999 bzw. Linos et al. 2002.

Zelluläre Fettsäuren	Gehalt der Fettsäuren (%)	
	Gordonia westfalica	*Gordonia Polyisoprenivorans*
Myristinsäure = Tetradecansäure $C_{14:0}$	2	2
Pentadecansäure $C_{15:0}$	1	0
Palmitoleinsäure $C_{16:1}$	12	13
Palmitinsäure = Hexadecansäure $C_{16:0}$	32	29
Linolsäure $C_{17:1}$	0	1

Margarinsäure = Heptadecansäure $C_{17:0}$	2	1
Ölsäure $C_{18:1}$	25	21
Stearinsäure $C_{18:0}$	1	4
Tuberkulo-Stearinsäure TBSA	17	29

Es wurde berichtet, dass *Gordonia polyisoprenivorans* Infektionen wie Endokartitis und Bakteriämie (Kempf et al. 2004, Verma et al. 2006) auslösen kann. *Gordonia polyisoprenivorans* konnte aus verschmutztem Grundwasser isoliert werden (Fusconi et al. 2006).

Beide Stämme können auf mit organischen Lösungsmitteln, extrahiertem, synthetischem Poly(*cis*-1,4-isopren) sowie auf 0,02 %igem Latex-Agarmedium (Naturkautschuk) wachsen und diese Materialien verwerten (Linos et Steinbüchel 1998, Berekaa et al. 2000). Es wurden eine α-Methylacyl Coenzyme A Racemase sowie eine Superoxid-Dismutase aus *Gordonia polyisoprenivorans* vorgeschlagen, die diese Abbauprozesse katalysieren könnten (Arenskötter et al. 2008, Schulte et al. 2008). Aus *Gordonia westfalica* charakterisierten Bröker et al. ein Megaplasmid, welches ebenfalls für entsprechende Gummi abbauende Enzyme codieren könnte (Bröker et al. 2004, Arenskötter et al. 2004, Bröker et al. 2008, Bröker et Steinbüchel 2008). Ob von *Gordonia polyisoprenivorans* und/oder *Gordonia westfalica* auch praxisrelevante Gummimaterialien verwertet werden können, wird in dieser Arbeit untersucht.

Aspergillus tamarii DSM 825 ATCC 10836

Aspergillus tamarii DSM 825 ist ein Schimmelpilz, der von einer Gummi-Isolationsschicht isoliert wurde. Er bildet auf MEA grau-grüne Pilzsporen, kommt natürlich im Boden vor und wächst bei Temperaturen zwischen 20 und 30 °C. Verschiedene *Aspergillen* z. B. *Aspergillus niger* (ISO 846 1997) sind bekannt für ihre Fähigkeit komplexe Substrate wie Kunststoffe oder Gummi zu verwerten (Upsher et Upsher 1995, Atagana et al. 1999, April et al. 2000). Aus diesem Grund wurde *Aspergillus tamarii* als Testorganismus ausgewählt. Es sollte gezeigt werden, ob dieser Schimmelpilz in der Lage ist, vulkanisierten synthetischen Gummi abzubauen. Außerdem hat *Aspergillus tamarii* Bedeutung bei der Produktion von industriell interessanten Enzymen wie Amylase und Glucosidase (Civas et al. 1984, Moreira et al. 1999) oder auch insektizid wirkenden Substanzen (Staub et al. 1991). Medizinisch werden durch *Aspergillus*-Stämme z. B. *Aspergillus fumigatus* schwere, schlecht therapierbare Atemwegserkrankungen wie Aspergillosen ausgelöst (Summerbell 1998, De Lucca 2007). Insbesondere ist die Bildung von Aflatoxinen unter anderem durch *Aspergillus flavus* oder *Aspergillus tamarii* ein Grund für toxische Wirkungen und damit ernste Komplikationen (Goto et al. 1996). Auch Agrarpflanzen können durch *Aspergillus* befallen und geschädigt werden (De Lucca 2007).

Streptomyces halstedii DSM 41718

Die Gattung *Streptomyces* gehört zur Klasse der *Actinobacteria*. *Streptomyceten* sind gram-positive, Mycel bildende Bakterien mit einem hohen GC-Gehalt und kommen hauptsächlich in Böden vor (Shirling et Gottlieb 1968). Ähnlich wie Pilze bilden sie Substrat- und Lufthyphen. Von den Lufthyphen werden Sporen gebildet, die zur Vermehrung dienen. *Streptomyces halstedii* (früher *Actinomyces halstedii*) wurde erstmals 1916 von Waksman et Curtis beschrieben. Von *Streptomyceten* gebildetes Geosmin verleiht Walderde ihren charakteristischen Geruch. Außerdem sezerniert *Streptomyces halstedii* industriell interessante Enzyme wie Xylanase (Ruis-Arribas et al. 1995). *Streptomyceten* produzieren in ihrem sekundären Stoffwechsel ein breites Spektrum von Antibiotika z. B. Streptomycin. *Streptomyces nodosum* bildet das Mykotikum Amphotericin B, welches klinisch heute trotz relativ starker Nebenwirkungen als eine wichtige Bedeutung bei der Therapie von Pilzinfektionen z. B. des respiratorischen Systems hat (Tobudic et al. 2009). Heisey et Papadatos (1995) sowie Jendrossek et al. (1997) zeigten, dass *Streptomyces halstedii* NR abbauen kann. Es sollte untersucht werden, ob dieses Bakterium auch in der Lage ist, synthetischen Gummi zu verwerten.

Pseudomonas aeruginosa ATCC 13388

Pseudomonas aeruginosa ist ein gramnegatives, strikt aerobes, gerades oder leicht gekrümmtes Stäbchen (0,5 bis 1,0 µm x 1,5 bis 4,0 µm) aus der γ-Gruppe der Proteobakterien. *Pseudomonas aeruginosa* ist monotrich und polar begeißelt. Es wächst mesophil zwischen 15 und 43 °C. Das Wachstumsoptimum liegt bei 37 °C. *Pseudomonas aeruginosa* besitzt einen respiratorischen Stoffwechsel, bei dem die Glykolyse nach dem Entner-Doudoroff-Weg abläuft. Es wächst bei neutralen pH-Werten. *Pseudomonas aeruginosa* besetzt viele ökologische Nischen und kann z. B. Oktan und Salicylat abbauen. Einige Stämme wachsen auf Pestiziden wie 2,4,5-Trichlorphenoxyessigsäure als einziger Kohlenstoff- und Energiequelle. Natürliche Lebensräume sind Wasser, Erdboden oder Oberflächen von Pflanzen sowie Tieren (TODAR 2000). Der Stamm PAO1 ist vollständig sequenziert, wobei auf DNA-Ebene ein Efflux-System nachgewiesen werden konnte, was sonst hauptsächlich für grampositive Bakterien bekannt ist (Stover et al. 2000). Ca. 9 % der nosokomialen Infektionen sind auf *Pseudomonas aeruginosa* zurückzuführen. Es ist der zweitwichtigste Erreger für Lungenentzündungen (17 %) sowie der drittwichtigste bei Harnwegsinfektionen (Tseng et al. 2002). Die Übertragung der Keime erfolgt durch die Luft oder über Trinkwasser. Solche Infektionen erleiden hauptsächlich immunsupprimierte Menschen z. B. mit Verbrennungswunden (Yang et al. 2000), AIDS, Cystischer Fibrose (Adair 1971, Cohn 2001) während einer Chemotherapie oder bei Behandlungen mit entzündungshemmenden Medikamenten (Gundermann 1991). Für *Pseudomonas aeruginosa* sind seit Mitte der 1960er Jahre Antibiotikaresistenzen bekannt. Sie sind oft plasmid- und selten chromosomal codiert. Diese Resistenzen sind bedingt durch eine verringerte Permeabilität der Membranen. Außerdem verdirbt *Pseudomonas aeruginosa* Frischfleisch wie Geflügel oder Meeresfrüchte. Es zeigen sich dann unspezifische Symptome einer allgemeinen Vergiftungsreaktion wie Diarrhöe, Übelkeit und Erbrechen (Levingston et Jawetz 2000). *Pseudomonas aeruginosa* ist ein Indikatorkeim für kontaminiertes Trinkwasser nach Trinkwasserverordnung (2001). Neben seiner Relevanz im Bereich Hygiene ist bekannt, dass *Pseudomonas aeruginosa* in der Lage ist verschiedene komplexe Materialien z. B. NR und synthetisches Poly(*cis*-1,4-isopren) abzubauen (Linos et al. 2000 b). Ob *Pseudomonas aeruginosa* auch unter praxisrelevanten Bedingungen Gummi abbauen kann, wird in dieser Arbeit untersucht.

Staphylococcus aureus ATCC 6538

Staphylococcus aureus ist ein grampositives, fakultativ anaerobes Bakterium mit niedrigem GC-Gehalt in Kokkenform, das zwischen 0,8 und 1 µm im Durchmesser groß ist und meist traubenförmig in Aggregaten vorkommt. *Staphylococcus aureus* wächst psychrotolerant bis mesophil zwischen 6,5 °C und 46 °C. Das Wachstumsoptimum liegt zwischen 30 °C und 37 °C. Das Bakterium besitzt einen typisch respiratorischen Stoffwechsel, wobei auch anaerob aus Glucose Säure gebildet wird (fakultativ anaerob). pH-Werte zwischen 4,2 und 9,3 werden toleriert, wobei der optimale Bereich zwischen pH 7,0 und 7,5 liegt. *Staphylococcus aureus* ist halotolerant bis 7,5 % NaCl (Foster 2000), weist eine im Vergleich zu anderen Bakterien hohe Austrocknungstoleranz auf und kann bei Wasserpotenzialen bis 0,86 wachsen. *Staphylococcus aureus* ist von Kuroda et al. (2001) vollständig sequenziert worden. Lebensräume sind die Haut sowie die oberen Atemwege von Menschen. Dieser Organismus ist ein wichtiger potentieller Krankheitserreger (fakultativ pathogen) und spielt bei nosokomialen Infektionen wie Wundinfektionen, Lungenentzündung sowie Sepsis eine entscheidende Rolle (Tseng et al. 2002, Simor et al. 2001, Blanc et al. 2002). Infektionsgefährdet sind insbesondere immunsupprimierte Menschen z. B. nach Operationen, mit der Immunschwächekrankheit AIDS, während einer Chemotherapie oder Behandlung mit entzündungshemmenden Medikamenten (Kayser et al. 2001).

Dieses Bakterium ist nicht in Lage, komplexe Materialien wie Gummi zu zerstören und damit ein geeigneter Kontrollstamm bei Abbauversuchen. Als potentieller Krankheitserreger besitzt *Staphylococcus aureus* jedoch im Bereich „Hygiene" eine hohe Relevanz.

Weitere Prüforganismen aus der DIN EN ISO 846 (1997)

Dieser internationale Standard beschreibt ein Verfahren zur Prüfung der mikrobiellen Beständigkeit von Kunststoffmaterialien. Da Kunststoffe und Gummi teilweise ähnliche Einsatzgebiete haben und ähnliche Hilfsstoffe eingesetzt werden, wurden die Schimmelpilze *Trichoderma virens, Chaetomium globulosum, Penicillium funiculosum, Aspergillus niger, Aspergillus ustus, Alternaria alternata, Paecilomyces variotii* und *Paecilomyces lilacinus* als Testorganismen ausgewählt und nur in den Bewuchsversuchen eingesetzt, da kein signifikanter Gummiabbau zu erwarten war.

1.6 Ziele der vorliegenden Arbeit

In dieser Arbeit sollte die mikrobielle Besiedlung sowie Materialzerstörung von Gummimaterialien im Bereich von Abwasser- und Trinkwassertransportleitungen untersucht werden. Es sollte gezeigt werden, ob Gummimaterialien, die als Dichtungsmaterialien eingesetzt werden, von Mikroorganismen besiedelt werden. Außerdem sollte gezeigt werden, ob spezielle Bakterien in der Lage sind, praxisrelevantes Gummimaterial unter realistischen Bedingungen abzubauen. Hinweise auf eine Anpassung des Stoffwechsels an die Anforderungen des Gummiabbaus sollten gesammelt und moderne Verfahren entwickelt werden, die es erlauben, die Abbauprozesse auf Ebene von Mikroorganismen-Mischkulturen zu steuern.

2. Material und Methoden

2.1 Testmaterialien

2.1.1 Spezifikation der Testmaterialien

Die in der Arbeit untersuchten Gummimaterialien wurden von drei Gummiwerken zur Verfügung gestellt. Tabelle 7 gibt einen Überblick über ihre Bezeichnungen und ihre wichtigsten Eigenschaften.

Tabelle 7: Liste der eingesetzten Testmaterialien mit Polymerart, Vernetzungsart, Härte und Körnung des pulversisierten Materials.

Labor-bezeichnung*	Polymerart	Vulkanisation	Härte [Shore A]	Körnung des Pulvers [µm]
GK 1	EPDM	Schwefel	70	100 – 200
GK 2	EPDM	peroxidisch	70	100 – 200
GK 3	EPDM	Schwefel	70	100 – 200
FÜ 1	SBR	Schwefel	50	200 – 500
FÜ 3	EPDM	Schwefel	50	200 – 500
PH 1	SBR	Schwefel	60	100 – 200
PH 3	EPDM	Schwefel	70	100 – 200
NR	Naturkautschuk	Schwefel	60	1000 – 2000

*Abkürzung des Probenlieferanten (GK = Gummiwerk KRAIBURG GmbH & Co. KG, Waldkraiburg; FÜ = GKT Gummi- und Kunststofftechnik Fürstenwalde GmbH; PH = Phoenix AG, Hamburg sowie der lfd. Nr. der gelieferten Gummiprobe)

Die Testmaterialien FÜ 2 und PH 2 wurden bereits zu Beginn der Untersuchungen nicht mehr berücksichtigt, da diese aus NBR bestehen. Dieses Material spielt als Dichtungsmaterial in Trinkwassertransportleitungen eine untergeordnete Rolle.

2.1.2 Vorbereitung der Testmaterialien

Gummiplättchen

Für die Agardiffusionstests, die Isolierungsversuche sowie zur Biofilmvisualisierung wurden die gelieferten Gummiplatten mit einem Stechbeitel zerkleinert. Die Platten besaßen eine nach der Vorschrift W 270 der Deutsche Vereinigung des Gas- und Wasserfaches e.V. (DVGW) eine Fläche von 30 x 30 cm und eine Dicke von 0,2 cm (DVGW 1999, 2007). Es wurden kreisrunde Plättchen mit einem Durchmesser von 1,5 cm und einer Dicke von 0,2 cm hergestellt.

Pulverisiertes Gummi

Zur Vergrößerung der Oberfläche der Gummimaterialien wurden die in Tabelle 7 genannten Platten der Probematerialien für Isolierungs-, Wachstums-, Anheftungs- und Abbauversuche mit Hilfe einer elektrischen Schleifmaschine (Black & Decker Mouse) unter Einsatz von Schleifpapier der Körnung P80 abgeschliffen. Das entstehende Pulver wurde mit Aqua dest. gewaschen und fein gesiebt. Die materialspezifisch in der Korngröße unterschiedlichen Fraktionen (Tabelle 7) wurden für die Versuche eingesetzt.

Die Gummimaterialien wurden mit Aqua dest. gewaschen und im Autoklaven bei 111 °C für 30 Minuten sterilisiert. Die verwendeten Gummimaterialien sind kurzfristig bis zu einer Temperatur von 120 °C stabil, deshalb werden die Materialien durch das Sterilisationsverfahren nicht verändert (siehe Tabelle 1).

2.1.3 Bestimmung der Oberfläche der Testmaterialien

Die Bestimmung der Gesamtoberfläche der Gummipulver erfolgte mittels Gas-Adsorption nach dem statisch-volumetrischen Prinzip zur Charakterisierung von Oberflächen, Porensystemen und Gas-Festkörper-Wechselwirkungen. Hierbei werden die Wechselwirkungen eines reinen Gases mit dem Festkörper ausgenutzt, welche dazu führen, dass das Analysengas an der Oberfläche adsorbiert und damit verbraucht wird (Adsorption-Desorption-Isotherme). Der Verbrauch des Gases kann nachgewiesen und auf die Gesamtoberfläche des vorliegenden Festkörpers umgerechnet werden. Diese Technik wird unter anderem speziell für die Messung der Oberfläche von feinen Pulvern und deren Unebenheiten z. B. Rissen oder Löchern angewandt. Als Analysengas wurde Krypton (bei 77,35 K) eingesetzt. Die Messungen erfolgten mit der Multimesspunkt-Methode nach Brunauer, Emmett and Teller (1938), um die Gesamtoberflächen des pulverisierten Gummis zu bestimmen. Für die Analyse kam das ASAP 2020 Accelerated Surface Area and Porosimetry System (Firma Micrometrics) zum Einsatz. Die Datenauswertung erfolgte mit der Software „DataMaster^{TM}".

2.2 Nährmedien

Die im Folgenden aufgeführten Nährmedien wurden bei 111 °C für 30 Minuten im Autoklaven sterilisiert. Die jeweiligen Einsatzgebiete der verschiedenen Medien sind nachfolgend aufgeführt.

Caseinpepton-Sojamehlpepton-Agar (CSA, Merck KGaA 1.05458.0500):

Dieser Nähragar wurde für die Stammkulturführung, die Lebendkeimzahlbestimmungen, die Agardiffusionstests und die Isolierungsversuche für alle Bakterienstämme eingesetzt.

Zusammensetzung:
Pepton aus Casein	15,0 g
Pepton aus Sojamehl	5,0 g
NaCl	5,0 g
Agar	15,0 g
Aqua dem.	ad 1000 mL

Der pH betrug 7,3 ± 0,2.

Malzextrakt-Agar (MEA, Merck KGaA 1.05398.0500):

Dieser Nähragar fand für die Stammkulturführung, die Lebendkeimzahlbestimmungen, die Agardiffusionstests und die Isolierungsversuche für die Schimmelpilzstämme Verwendung.

Zusammensetzung:
Malzextrakt	30,0 g
Pepton aus Sojamehl	3,0 g
Agar	15,0 g
Aqua dem.	ad 1000 mL

Der pH betrug bei 5,6 ± 0,2.

GYM Streptomyces (Medium 65 DSMZ)

Dieser Nähragar wurde für die Stammkulturführung von *Streptomyces halstedii* eingesetzt.

Zusammensetzung:
Glucose	4,0 g
Hefeextrakt	4,0 g
Malzextrakt	10,0 g
$CaCO_3$	2,0 g
Agar	12,0 g
Aqua dem.	ad 1000 mL

Vor Zugabe des Agars wurde der pH mit KOH auf 7,2 eingestellt.

Mineralsalzlösung (Bakterien) nach DIN ISO 846

Diese Mineralsalzlösung diente als Grundlage für das Gummimedium FB 2004 sowie für den Gummiagar FB 2004.

Zusammensetzung:

KH_2PO_4	0,7 g
K_2HPO_4	0,7 g
NH_4NO_3	1,0 g
$MgSO_4 \cdot 7\ H_2O$	0,5 g
NaCl	0,005 g
$FeSO_4 \cdot 7\ H_2O$	0,002 g
$ZnSO_4 \cdot 7\ H_2O$	0,002 g
$MnSO_4 \cdot 1\ H_2O$	0,0006 g
Aqua dem.	ad 1000 mL

Der pH wurde mit HCl und NaOH auf 7,0 eingestellt.

Stammlösung Tween® 80, 10 %-ig

Dieses Tensid wurde eingesetzt, um die Benetzung der Gummioberflächen sowie die Suspension der hydrophoben Gummimaterialien in wässrigen Lösungen zu verbessern.

Zusammensetzung:

Tween® (= Polysorbat) 80, konz.	10 mL
Mineralsalzlösung Bakterien nach DIN ISO 846	90 mL

Die Mineralsalzlösung wurde vorgelegt und auf ca. 70 °C erhitzt, um Tween 80 optimal lösen zu können.

Glucose-Medium FB 2004

Das Medium wurde für die Wachstumsversuche mit den Prüfpilzen und -bakterien eingesetzt.

Zusammensetzung:

Glucose	1,0 g
Hefeextrakt	0,07 g
Stammlösung Tween 80, 10 %-ig	0,1 mL
Mineralsalzlösung (Bakterien oder Pilze) nach DIN ISO 846	ad 1000 mL

Der pH wurde mit HCl und NaOH auf 7,0 eingestellt.

Gummi-Agar FB 2004

Dieses Agarmedium wurde für die Isolierungs- und Adaptationsversuche der Gummi abbauenden Bakterien und Pilze verwendet.

Zusammensetzung:
Gummi, pulverisiert; verschiedener Art und Körnung	1,0 g
Hefeextrakt	0,07 g
Stammlösung Tween 80, 10 %-ig	1 mL
Agarose	15,0 g
Mineralsalzlösung nach DIN ISO 846	ad 1000 mL

Der pH wurde mit HCl und NaOH auf 7,0 eingestellt.

Gummi-Medium FB 2004

Das Medium wurde für die Wachstums-, Abbau- und Anheftungsversuche mit den Prüfbakterien und -pilzen eingesetzt.

Zusammensetzung:
Gummi, pulverisiert; verschiedener Art und Körnung	1,0 g
Hefeextrakt	0,07 g
Stammlösung Tween 80, 10 %-ig	0,1 mL
Mineralsalzlösung nach DIN ISO 846	ad 1000 mL

Der pH wurde mit HCl und NaOH auf 7,0 eingestellt.

2.3 Testorganismen

In der Arbeit wurden unterschiedliche Testorganismen eingesetzt. Diese sind mit ihrer Stammnummer, den Kultivierungsmedien und korrespondierenden Inkubationszeiten in Tabelle 8 dargestellt. Alle Testorganismen wurden bei 28 °C ± 1 °C angezüchtet.

2. Material und Methoden

Tabelle 8: Eingesetzte Testorganismen mit Stammspezifikation und Kultivierungsbedingungen, Bebrütungstemperatur für alle Organismen 28 °C

Testorganismus	Stamm-Nummer		Kultur-medium	Inkubations-zeit
	DSM	ATCC		
Aspergillus tamarii	DSM 825	ATCC 10836	MEA	5 d ± 1 d
*Pseudomonas aeruginosa**	DSM 1253	ATCC 13388	CSA	24 h ± 4 h
Staphylococcus aureus		ATCC 6538	CSA	24 h ± 4 h
Gordonia westfalica	DSM 44215	-	CSA	48 h ± 4 h
Gordonia polyisoprenivorans	DSM 44302	ATCC BAA-14	CSA	48 h ± 4 h
Streptomyces halstedii	DSM 41718	-	GYM	72 h ± 4 h
*Paecilomyces lilacinus**	DSM 846	ATCC 10114	MEA	5 d ± 1 d
*Paecilomyces varioti**	DSM 1961	ATCC 18502	MEA	5 d ± 1 d
*Alternaria alternata**	DSM 1102	-	MEA	5 d ± 1 d
*Aspergillus ustus**	DSM 1349		MEA	5 d ± 1 d
*Aspergillus niger**	DSM 1957	ATCC 6275	MEA	5 d ± 1 d
*Penicillium funiculosum**	DSM 1944	CMI 114933	MEA	5 d ± 1 d
*Chaetomium globulosum**	DSM 1962	ATCC 6205	MEA	5 d ± 1 d
*Trichoderma virens**	DSM 1963	ATCC 9645	MEA	5 d ± 1 d

*Ausgewählte Teststämme nach ISO 846 (1997) zur Prüfung von Kunststoffbeständigkeit sowie nach DIN 53739 (1993) zur Prüfung von Polyester-Polyurethan-Beständigkeit

2.4 Stammkulturführung

Die Stammkulturen der Testpilze wurden auf MEA als Schrägagarkulturen gehalten. Diese Kulturen wurden nach Wachstum bei 28 °C und Bildung von Sporen bzw. Fruchtkörpern bei 4 °C aufbewahrt und im Abstand von 2 Monaten auf frisches Medium überimpft.

Die Stammhaltung der chemoorganotrophen Bakterienstämme erfolgte auf CSA als Schrägagarkulturen. Nachdem die Bakterien bei 28 °C angezüchtet worden waren, wurden sie bei 4 °C aufbewahrt und monatlich auf frisches Medium überimpft.

Streptomyces halstedii wurde auf Schrägagarkulturen mit dem Medium GYM bei 28°C angezüchtet. Die Stammkulturen wurden dann bei 4 °C gelagert und monatlich überimpft.

2.5 Lebendzellzahlbestimmung

Die Lebendzellzahlbestimmung durch Auszählung der Kolonie bildenden Einheiten (KBE) der Testbakterien erfolgte auf CSA und bei den Testpilzen auf MEA. Zur Keimzahlbestimmung wurden Verdünnungsreihen mit 0,9 %iger NaCl-Lösung angelegt. Alle Agarplatten wurden jeweils bei 28 °C über die in Tabelle 8 angegebene Inkubationszeit bebrütet.

2.6 Agardiffusionstest in Anlehnung an DIN 58940

Agardiffusionstests auf MEA für die Testpilze, CSA für die Testbakterien und GYM Streptomyces-Agar für *Streptomyces halstedii* sollten zeigen, ob die Testorganismen die Probeplättchen be- bzw. überwachsen können oder ob sich Hemmhöfe um die Probekörper bilden. Wenn sich Hemmhöfe um die Testkörper bilden, treten aus dem Material Substanzen mit einer mikrobiostatischen Wirkung aus. Die Testorganismen wurden vor dem Versuch mit 20 mL 0,9 %-iger NaCl-Lösung von den Agarplatten abgeschwemmt und homogenisiert. Der Nährboden wurde mit dieser Suspension beimpft und diese bei 28 °C inkubiert. Die Auswertung erfolgte in verschiedenen Zeitabständen über zwei Wochen mit Hilfe eines Binokulars. Die Bewertung des Oberflächenbewuchses erfolgte semiquantitativ nach Siegert (1985): 0 = 0 %; 1 = 0 bis < 5 %; 2 = 5 bis 25 %; 3 = 25 bis 50 %; 4 = 50 bis 99 %; 5 = 100 %.

Aus den Nährböden wurden zunächst mit einem sterilen Stechbeitel je zwei kreisrunde Löcher mit einem Durchmesser von 1,5 cm ausgestanzt. Danach wurden in diese Löcher Probenplättchen eingefügt. Im Anschluss erfolgte die Beimpfung mit 0,5 mL Keimsuspension, die über die gesamte Fläche inklusive der Probenkörper ausplattiert wurde.

2.7 Anheftungsversuche

Um festzustellen, ob und in welchem Ausmaß die Testbakterien *Gordonia polyisoprenivorans* und *Gordonia westfalica* an Gummi anheften, wurden Anheftungsversuche durchgeführt. Hierzu wurden als Substrat die pulverisierten Testmaterialien GK 2 mit einer Partikelgröße von 100 – 200 µm, FÜ 1 mit einer Partikelgröße von 200 – 500 µm und PH 3 mit einer Partikelgröße von 100 – 200 µm ausgewählt (Tabelle 7). Es wurde jeweils 50 mg dieser Materialien in Gummimedium FB 2004 suspendiert.

Die Prüfstämme mit einer Ausgangskeimzahl von 10^5 bis 10^6 KBE/mL wurden vorbereitet, indem die Bakterienkulturen mit 10 mL steriler 0,9 %iger NaCl-Lösung von der Agarplatte abgeschwemmt wurden. 3 mL dieser Suspension wurden in zwei sterile 2 mL-Reaktionsgefässe aus Kunststoff verteilt und drei Mal mit steriler 0,9 %iger NaCl-Lösung in der Tischzentrifuge (9000 Upm für 5 Minuten, Eppifuge, Firma Eppendorf) gewaschen. Diese Suspension wurde komplett in 50 mL NaCl im 100 mL-Erlenmeyer-Kolben überführt und über Nacht bei 22 °C und 150 Upm geschüttelt. Diese Maßnahme diente dazu die

Bakterien in eine Ruhephase (stationäre Phase) zu bringen, damit bei Beginn des Anheftungsversuches nicht unmittelbar eine Vermehrung der Bakterien das Ergebnis beeinflusst.

Am nächsten Tag wurde 1 mL dieser Bakteriensuspension zu Beginn des Anheftungsversuches in das Gummimedium FB 2004 gegeben und nach Mischung die Lebendkeimzahl (Zeitpunkt „0") bestimmt. Während des Anheftungsversuches wurden die Bakterien bei 22 °C und unter Schütteln (150 Upm) gelagert und die Lebendkeimzahl nach 10, 30, 60 und 120 Minuten ermittelt.

2.8 Visualisierungsverfahren

Um die Anheftung der Testbakterien *Gordonia polyisoprenivorans* und *Gordonia westfalica* an die Gummimaterialien (FÜ 1, GK 2, PH 3) zu visualisieren, wurden vergleichende Untersuchungen mit dem Rasterkraftmikroskop (AFM) und dem Fluoreszenzmikroskop durchgeführt.

Bakteriensuspensionen von *Gordonia polyisoprenivorans* und *Gordonia westfalica* wurden für 24 Stunden bei 28 °C auf CSA bebrütet. Diese Kulturen wurden mit 0,9 %iger NaCl-Lösung abgeschwemmt und zweifach mit 0,9 %iger NaCl-Lösung gewaschen. Danach wurden Gummiplättchen (Herstellung siehe Kapitel 2.1.2) bei 22 °C für 2 Stunden mit 0,1 mL dieser Suspension inkubiert. Danach wurden die Gummiplättchen jeweils mit demineralisiertem Wasser gewaschen und getrocknet. Als Kontrolle diente steriles Gummimaterial.

2.8.1 Fluoreszenzmikroskopische Untersuchungen

Für die fluoreszenzmikrokopischen Aufnahmen (Gerät: AXIO-Imager A1.m, Firma Zeiss) wurden die an das Gummi angehefteten Bakterien zunächst mit DAPI (= 4',6-Diamin-2'-phenylindol-dihydrochlorid 0,01 %ig) für 15 Minuten angefärbt. Nach der Färbung wurde der überschüssige Fluoreszenz-Farbstoff dreifach mit demineralisiertem Wasser entfernt. DAPI bindet kovalent an die DNA der Bakterien und leuchtet blau nach Anregung durch eine Quelle ultravioletten Lichts. Durch diese Färbemethode werden Zellen durch die fluoreszierende DNA sichtbar. Es wurden Wasserimmersionsobjektive mit 20facher und 100facher Vergrößerung (Firma Zeiss) eingesetzt. Die Aufnahmen wurden mit einer Digitalkamera (Imagingsource DFK 31AF03) angefertigt.

2.8.2 Rasterkraftmikroskopische Untersuchungen

Die rasterkraftmikroskopischen Untersuchung erfolgten mit dem Rasterkraftmikroskop (Atomic Force Microscope = AFM) NanoWizard II BioAFM (Firma jpk instruments AG). Es wurde im „contact mode" mit der Siliciumcantilever CSC37 (Firma Micromasch, Federkonstante 0,35 n/m, Resonanzfrequenz 28 kHz) gescannt.

Die Zellsuspensionen können im nativen Zustand ohne vorherige Fixierung, Färbung oder Einbettung gescannt werden. Das AFM reagiert empfindlich auf Unebenheiten, deshalb muss eine möglichst glatte Oberfläche gewählt werden. Auf unebenen Flächen können kleinere Strukturen wie etwa eine Bakterienzelle nicht erkannt oder nicht ausreichend dargestellt werden. Durch die Untersuchung der jeweiligen sterilen Gummioberfläche konnte gezeigt werden, dass sich diese für eine Untersuchung mit dem AFM als Unterlage eignet (Morris et al. 1999).

2.9 Wachstumsversuche

Mit den Testbakterien *Gordonia polyisoprenivorans*, *Gordonia westfalica* und *Pseudomonas aeruginosa* sowie *Staphylococcus aureus* wurden Wachstumsversuche mit verschiedenen Gummimaterialien als einziger Energie- und Kohlenstoffquelle durchgeführt. Die Bebrütung der Kulturen erfolgte im Schüttelkolben bei 120 Upm und 28 °C. Es wurde als Parameter die Lebendzellzahl im Überstand bestimmt. Probenahmen erfolgten nach 0, 1, 3, 7, 14, 21, 28 und 42 Tagen. Es wurden jeweils mindestens fünf Parallelversuche aus mindestens drei verschiedenen Ansätzen pro Gummiprobe und Testbakterium durchgeführt. Die Zellen wurden jeweils aus einer Vorkultur entnommen, die sich in der stationären Wachstumsphase befand.

2.10 Wachstumskontrolle von Bakterienkonsortien mittels DGGE

Zur Überprüfung der Populationszusammensetzung und -entwicklung eines artifiziellen Bakterienkonsortiums aus *Pseudomonas aeruginosa*, *Staphylococcus aureus*, *Gordonia polyisoprenivorans* und *Gordonia westfalica* während des Wachstums mit Gummi bzw. Glucose als einziger Energie- und Kohlenstoffquelle wurde die denaturierende Gradientengelelektrophorese (DGGE) eingesetzt. Das Bakterienkonsortium wurde mit der Gummiprobe GK 2 (Gummimedium FB 2004) und mit Glucose (Glucosemedium FB 2004) über einen Zeitraum von über drei Monaten bei 28 °C auf dem Bodenschüttler (120 Upm) bebrütet. Es wurden Proben unter sterilen Kautelen nach 0, 7, 14, 21, 28, 42, 56, 70 sowie 98 bzw. 100 Tagen entnommen. Anschließend wurden die Proben bei –20 °C eingefroren und nach Ende des Versuches aufgetaut, um die DNA-Extraktion durchzuführen.

2. Material und Methoden

Nach Abschluss des Versuchs wurde aus diesen Proben die DNA mit dem ultra-clean™ microbial DNA Isolation Kit (MO BIO Laboratories Inc.) nach Herstellerangaben mit den im Kit enthaltenen Lösungen extrahiert. Hierbei wurden die Zellen chemisch und mechanisch lysiert (MO BIO Vortex Adapter). Von den lysierten Zellen wurde dann die freigesetzte DNA an einen Silizium-Zentrifugations-Filter gebunden. Dieser Filter wurde mit Waschpuffer und Ethanol gewaschen und die DNA mit DNA-freiem Tris-Puffer zurückgewonnen. Die Ausbeute der DNA-Extraktion wurde mittels Agarosegelektrophorese quantifiziert. Von der so gewonnenen genomischen DNA wurde ein 640 bp langes Fragment des 16 S rRNA- Gens mittels Polymerase Chain Reaction (PCR, siehe 2.10.1) mit Eubakterienprimern vervielfältigt. Zur Auftrennung der verschiedenen DNA-Fragmente wurde eine DGGE (Methode siehe 2.10.2) durchgeführt. Nach der Elektrophorese wurden die DNA-Banden in den DGGE-Gelen mit Ethidiumbromid-Lösung (0,3 µg/mL) angefärbt, mittels UV-Bestrahlung angeregt und fotografisch dokumentiert.

2.10.1 Polymerasekettenreaktion (PCR)

Im ersten der Reaktionsschritt der PCR wird die doppelsträngige DNA (dsDNA) bei hohen Reaktionstemperaturen von etwa 96 °C denaturiert. Nach der Abkühlung auf etwa 52 bis 65 °C (je nach Primer) lagern sich während des so genannten Annealings die zugesetzten Primer an. In Anwesenheit von freien Desoxynukleosidtriphosphaten (dNTPs) und den Primern im Überschuss kann eine hitzestabile DNA-abhängige DNA-Polymerase die Primerstellen verlängern. In einer automatisierten Kettenreaktion wird der Zyklus etwa 30 Mal wiederholt. Es wurde das Eubakterien-spezifische Oligonukleotidprimerset 341F+GC und 907R (Tabelle 9, Muyzer et Ramsing 1995) eingesetzt. Die Eubakterien-Primer amplifizierten in der PCR ein Fragment, welches bei *E. coli* zwischen den Positionen 341 bis 907 des 16S rDNA-Genes liegt.

Tabelle 9: Sequenzen und Bezeichnungen des verwendeten Primer

Bezeichnung	Sequenz
Eub341 F GC (forward, mit GC-Klammer)	5´-cgcccgccgcgcgcggcgggcggggcggggcacgggggg cctacgggaggcagcag- 3´
Eub907R (reverse)	5´-ccgtcaattcctttgag- 3´
Eub907F (forward)	5´-aaactcaaaggaattgac- 3´
Eub1492R (reverse)	5´-acgg(ct)taccttgttacgactt - 3´

Zur genaueren taxonomischen Aufklärung wurde ergänzend mittels der Primer 907F und 1492R (Lane 1991) ein insgesamt ca. 1200 bp langer Bereich des 16S rRNA Gens analysiert. Die Verwendung einer GC-Klammer am 5' Ende der Primer verhindert während der nachfolgenden DGGE eine vollständige Denaturierung des DNA-Doppelstranges (Sheffield et al. 1989, Sheffield et al. 1992).

Alle Lösungen wurden auf Eis gelagert. In einem sterilen PCR-Gefäß wurde pyrogen- und nukleasefreies PCR-Wasser vorgelegt und mit dem Reaktionsgemisch (siehe unten) und 2 µL DNA-Extrakt vermengt. Das PCR-Programm wurde von dem Thermocycler (Biometra, Tpersonal) gesteuert.

Der Reaktionsablauf der PCR war folgendermaßen:

1. Zyklus	3 min:	96 °C	Denaturierung
	1 min:	55 °C	Reassoziation
	1 min:	72 °C	Elongation
2. - 29. Zyklus	45 s:	94 °C	Denaturierung
	1 min:	55 °C	Reassoziation
	1 min:	72 °C	Elongation
30. Zyklus	45 s:	94 °C	Denaturierung
	1 min:	55 °C	Reassoziation
	5 min:	72 °C	Elongation

PCR Reaktionsgemisch:

10 x PCR-Puffer (Peqlab)	5,0 µL
dNTP-Mix (10mM/Nukleotid)	1,0 µL
MgCl$_2$-Lösung (Peqlab, 25mM)	3,0 µL
Oligonukleotidprimer I (F, 25 pmol/µL)	2,0 µL
Oligonukleotidprimer II (R, 25 pmol/µL)	2,0 µL
Taq-Polymerase (~5U/µL)	0,3 µL
PCR-Wasser	ad 50 µL

Um die Qualität des amplifizierten DNA-Fragment zu überprüfen, wurde eine Agarose-Gelelektrophorese mit DNA-Leiter (50 bis 1000 bp, DNA-ladder, Fa. Fermentas) als Standard bei 80 V für 45 min durchgeführt.

Zusammensetzung 2,0 % Agarosegel

1 x TAE-Puffer	100 mL
Low EEO Agarose (Sigma) 2,0 g	

2.10.2 Denaturierende Gradientengelelektrophorese (DGGE)

Die DGGE ist eine Fingerprinting-Technik zur *in-situ*-Analyse bakterieller Populationen (Muyzer et Ramsing 1995). Sie bietet durch die Auftrennung von PCR-Amplifikaten, neben der Untersuchung von Reinkulturen, auch die Möglichkeit, Anreicherungskulturen und Naturproben mit geringen Zellzahlen der Zielorganismen zu untersuchen. Dabei wird die genetische Variabilität von Bakterienpopulationen anhand distinkter DNA-Banden im Gel erfasst. Bei den Untersuchungen der Diversität von Bakterienpopulationen hat die DGGE eine breite Anwendung gefunden (Teske et al. 1994, Muyzer 1999).

Aus der genomischen DNA, die aus Reinkulturen und Anreicherungen extrahiert wurde, kann mit Hilfe ausgewählter Primer mit der PCR-Technik ein ca. 640 Basenpaar langes 16S rDNA-Fragment amplifiziert werden. In einem Polyacrylamidgel mit einem linearen Harnstoff-Formamid-Gradienten können die erhaltenen Amplifikate nach ihren sequenzabhängigen Schmelzeigenschaften aufgetrennt werden (Fisher et Lermann 1979, Fisher et Lermann 1983). Um DNA-Moleküle dieser Länge gelelektrophoretisch auftrennen zu können, eignet sich ein 6 bis 8 %iges Polyacrylamid-Gel. Die denaturierende Wirkung auf den DNA-Doppelstrang wird neben der Temperatur von 60 °C durch die Zugabe von Harnstoff und Formamid erreicht. Formamid wirkt während der Elektrophorese stabilisierend auf den denaturierten Zustand der DNA. Mit Hilfe eines Gradienten-Mischers wird im Gel ein linearer Harnstoff/Formamid-Gradient angelegt. Die DNA-Fragmente bilden nach 6 bis 18 Stunden Elektrophorese bei einer konstanten Temperatur von 60 °C in Abhängigkeit von ihrem sequenzspezifischen Schmelzverhalten distinkte Banden (Muyzer et Ramsing 1995, Muyzer et Smalla 1998).

Der bei der DGGE-Analyse verwendete denaturierende Harnstoff-Formamid-Gradient wurde ausgehend von zwei unterschiedlich konzentrierten Stammlösungen angefertigt. So konnte der Gradient durch Veränderung des Mischungsverhältnisses variiert werden.

Stammlösung 1 (Acrylamidlösung mit 0 % Harnstoff-Formamid)

40 % Acrylamidlösung (Biorad, 37,5 Acrylamid : 1 Bisacrylamid)	15 mL
1x Tris-Acetat-EDTA-Puffer	85 mL

Stammlösung 2 (Acrylamidlösung mit 100 % Harnstoff-Formamid)

40 % Acrylamidlösung (Biorad, 37,5 Acrylamid : 1 Bisarcylamid)	15 mL
1x Tris-Acetat-EDTA-Puffer	35 mL
Formamid	40 mL
Harnstoff	42 g

Aus den Stammlösungen wurden ein Ansatz mit einem 40 % Harnstoff-Formamid-Gehalt (Lösung A) und ein Ansatz mit 70 % Harnstoff-Formamid-Gehalt (Lösung B) hergestellt.

Lösung A 40 % Harnstoff-Formamid-Gehalt

Stammlösung 1	12,6 mL
Stammlösung 2	8,4 mL

Lösung B 70 % Harnstoff-Formamid-Gehalt

Stammlösung 1	6,3 mL
Stammlösung 2	14,7 mL

Das Mischungsverhältnis für Stammlösung 1 und 2 lässt sich anhand der standardisierten Formel nach Muyzer et al. (1998) berechnen:

$$(100 - X) \times V / 100 + X \times V / 100 = V_{Stammlös.1} + V_{Stammlös.2} \ (1:1) = V_{X\%}$$

Dabei gibt X als Platzhalter den minimalen bzw. maximalen Wert des einzustellenden Gradienten in Prozent an. Variabel ist auch das Volumen des Geles, V bezeichnet die Hälfte des gesamten Gelvolumens.

Das Gelvolumen betrug insgesamt 42 mL. Für einen Gradienten mit 40 bis 70 % Harnstoff-Formamid-Anteil wurde je ein 21 mL Ansatz mit 40 % (12,6 mL Stammlösung 1 + 8,4 mL Stammlösung 2) und 70 % Harnstoff-Formamid-Anteil (6,3 mL Stammlösung 1 + 14,7 mL Stammlösung 2) vorgelegt. Mit dem Gradientenmischer (Fa. Biorad, Gradient-Mixer 2) konnte so ein linearer Harnstoff-Formamid-Gradient gegossen werden.

Zusätzlich wurden als Sammelgel 10 mL einer Acrylamidlösung ohne DNA-denaturierenden Harnstoff- und Formamid-Anteil aus der Stammlösung 1 entnommen.

Die Polymerisation der Gele erfolgte nach Zugabe der Starterreagenzien Ammoniumpersulfat und N, N, N′, N′-Tetramethylethylendiamin. Bei Raumtemperatur war das Gel nach zwei Stunden auspolymerisiert.

Ammoniumpersulfat

Ammoniumpersulfat (Serva)	1,00 g
MilliQ-Wasser, Aqua bidest.	10,00 mL

Die Lösung wurde aliquotiert und bei -20 °C bis zu zwei Wochen gelagert.

N, N, N′, N′-Tetramethylethylendiamin wurde gebrauchsfertig von der Firma Biorad bezogen und bei Raumtemperatur gelagert.

Die Proben wurden vor dem Auftragen auf das Gel mit DGGE-Ladepuffer vermengt.

DGGE-Ladepuffer (1x konzentriert)

Bromphenolblau	0,05 g
Saccharose	40,00 g
Na-EDTA (Titriplex III)	2,92 g
Natriumdodecylsulfat	0,50 g
MilliQ-Wasser, Aqua bidest.	ad 100 mL

Der Ladepuffer wurde in einfacher und doppelter Konzentration angesetzt und bei -20 °C in Aliquots gelagert. Die Gele liefen über 6,5 Stunden bei einer Stromspannung von 200 V.

2.11 GC- und GC-MS Analyseverfahren

Das Fettsäurespektrum von *Gordonia polyisoprenivorans* wurde nach unterschiedlicher Anzucht über Gaschromatographie (GC) und Gaschromatographie mit gekoppelter Massenspektrometrie (GC-MS) bestimmt. Die Bakterienkulturen wurden mit Gummi bzw. Glucose als einziger Energie- und Kohlenstoffquelle (Gummimedium FB 2004, Glucosemedium FB 2004) über einen Monat bei 28 °C auf dem Bodenschüttler (120 Upm) kultiviert. Im Anschluss daran erfolgte die Lyophilisierung der Zellen (Christ Gefriertrocknungsanlagen GmbH, Alpha 1-4). Ca. 20 mg (Trockengewicht). Die lyophilisierten Zellen wurden in 2 mL Methanol aufgenommen und das Gemisch mit 250 µL Chlortrimethylsilan (97%, Sigma) versetzt und anschließend für ca. 2 Minuten in einem Ultraschallbad (Bandelin Sonorex RK 102 H, 35 kHz, 30 °C) behandelt. Die Extraktion und Derivatisierung der bakteriellen Fettsäuren erfolgte in einem Schritt über 2 Stunden bei 80°C. Nach dem Abkühlen wurde das Volumen des Methanol/Chlortrimethylsilan-Gemisches unter Stickstoffbegasung um 50 % verringert und die erzeugten Fettsäure-Methylester (FAME) mit Hexan fünf Mal extrahiert. Die Volumenverringerung diente zur besseren Phasentrennung zwischen Methanol und Hexan. Der Extrakt wurde anschließend über eine kleine Kieselgelsäule (in der Glaspipette, Höhe: 3 cm) filtriert und die Säule mit ca. 4 mL Dichlormethan (konzentriert) und mit ca. 4 mL Ethylacetat (konzentriert) gespült. Die Fraktionen wurden vereinigt, unter Stickstoff eingetrocknet und in Hexan aufgenommen.

Die strukturelle Identifizierung und Quantifizierung der FAME erfolgte mit GC (Carlo Erba instruments, Fractovap 4160, Italy, Flame Ionisation Detector; fused silica capillary column, DB-5, 30 m, 0,25 µm film thickness, i.d. 0,32 mm) und GC (HP6890, DB-5-MS, 30 m 0,25 µm, i.d. 0,32 mm) mit gekoppelter Massenspektrometrie (Quatro II, Micromass, UK). Die Identifizierung der Tuberkulostearinsäure (TBSA) wurde nach Thiel et al. (1999) durchgeführt. Als interner Standard für die Quantifizierung diente Heneicosansäure (C21).

Die Identifizierung der Komponenten erfolgte massenspektrometrisch und im GC durch Vergleich der Retentionszeiten mit einem bakteriellen FAME-Standard (Supelco, Cat-Nr.: 47080-U). Die Auswertung der Chromatogramme inklusive Quantifizierung sowie die Interpretation der Massenspektrogramme erfolgten mit der Software Chromstar (GC) und Masslynx (GC-MS).

2.12 Gummi-Abbauversuche

Mit den Testbakterien *Gordonia polyisoprenivorans*, *Gordonia westfalica*, *Pseudomonas aeruginosa*, *Staphylococcus aureus*, *Streptomyces halstedii* und *Aspergillus niger* wurden Abbauversuche mit einer Ausgangskeimzahl von ca. 10^8 KBE/mL in 50 mL Gummimedium FB 2004 durchgeführt. Als Testmaterialien wurden 50 mg der Gummipulver GK 1, GK 2, GK 3, FÜ 1, FÜ 3, PH 1, PH 3 und NR eingesetzt (siehe Tabelle 7). Im Kontrollversuch wurde jeweils das sterile Medium verwendet. Diese Testansätze wurden bei 28 °C über 100 Tage auf dem Bodenschüttler (120 Upm) bebrütet. Nach Versuchsende wurden die Testansätze im Autoklaven sterilisiert, das Gummipulver abfiltriert (Faltenfilter, Schleicher & Schüll) und anschließend über drei Tage bei 60 °C getrocknet. Danach wurde das Gewicht des Gummis im Vergleich zum Ausgangsgewicht auf der Analysenwaage (Firma Sartorius) bestimmt. Es wurden jeweils mindestens fünf Parallelversuche mit mindestens drei verschiedenen Ansätzen pro Gummiprobe und Testbakterium durchgeführt.

Zur statistischen Auswertung wurden die Daten in eine Datenbank (Excel®, Microsoft, Redmond WAS, USA) eingegeben und dann zur Analyse in ein Statistikprogramm (PASW®, Version 18.0, SPSS Inc., Chicago, IL, USA) importiert. Um zu überprüfen, ob die Gewichtsveränderungen der Gummimaterialien durch den Einfluss der Mikroorganismen statistisch signifikant sind, wurde der Vorzeichenrangtest nach Wilcoxen (Zitat) verwendet. Dabei wurde ein nicht-parametrisches Testverfahren ausgewählt, da die Stichprobe klein und deswegen die Verteilungsvoraussetzung (eine Normalverteilung) nicht gewährleistet war. Das α-Niveau wurde auf 0,05 festgelegt.

2.13 Isolierungsversuche

Um bisher unbekannte Mikroorganismen zu isolieren, die verschiedene Gummipolymere als Energie- und Kohlenstoffquelle nutzen können, wurden Isolierungsversuche durchgeführt. In Trinkwasser (50 mL) wurden 50 mg Gummipulver (FÜ 1, FÜ 3) als einzige Energie- und Kohlenstoffquelle gegeben. Die Versuchsansätze wurden im 100 mL Erlenmeyerkolben bei 25 °C mit 120 Upm auf dem Bodenschüttler geschüttelt sowie parallel stehend bebrütet. Nach 4 Monaten Versuchsdauer erfolgte die Überimpfung von jeweils 0,5 mL Suspension auf Caseinpepton-Sojamehlpepton-Agar sowie auf Gummiagar FB 2004. Nach

Bebrütung der Kulturen bei 25 °C über eine Woche erfolgten die Bewertung und die Isolierung von einzelnen Kolonien. Nach der Isolierung wurden die Reinkulturen anhand ihrer 16S rRNA identifiziert (Methodik siehe Kapitel 2.10).

3. Ergebnisse

3.1 Bestimmung der Oberfläche der Gummimaterialien

Die Wachstumsversuche haben gezeigt, dass die Testorganismen unterschiedlich gut mit den angebotenen Gummiquellen wachsen können. Eine Ursache hierfür könnte die unterschiedliche Oberfläche sein. Um dies zu ergründen, wurde die Oberfläche der pulverisierten Testmaterialien nach Brunauer, Emmet und Teller (1938) bestimmt. Die Oberfläche der Gummiplättchen wurde berechnet.

Die Oberflächenbestimmung der pulverisierten Testmaterialien weist eine Bandbreite von 0,0508 m^2/g für FÜ 1 bis zu einer um den Faktor 35 größeren Oberfläche von 0,7327 m^2/g bei GK 2 auf (Tabelle 10). Die weiteren Werte für die übrigen Gummimaterialien liegen relativ nahe beieinander zwischen 0,1633 m^2/g und 0,3714 m^2/g.

Die Oberfläche der Gummiplättchen (Dicke 2 mm) ist erwartungsgemäss geringer als die der pulverisierten Materialien und liegt zwischen 0,00043 m^2/g und 0,0009 m^2/g. Damit ist die Oberfläche durch die Pulverisierung um den Faktor 58 bis 887 erhöht.

Tabelle 10: Darstellung der Oberfläche der pulverisierten Gummi-Testmaterialien bestimmt im Einpunktverfahren nach Brunauer, Emmet und Teller (BET, 1938) mit dem Analysengas Krypton sowie Darstellung der Oberfläche der Gummiplättchen.

Testmaterial	Oberfläche der pulverisierten Gummimaterialien nach BET	Oberfläche der Gummiplättchen
GK 1	0,3714 m^2/g	0,00084 m^2/g
GK 2	0,7327 m^2/g	0,00083 m^2/g
GK 3	0,3363 m^2/g	0,00086 m^2/g
FÜ 1	0,0508 m^2/g	0,00087 m^2/g
FÜ 3	0,1633 m^2/g	0,00090 m^2/g
PH 1	0,2073 m^2/g	0,00043 m^2/g
PH 3	0,3585 m^2/g	0,00043 m^2/g

3.2 Agardiffusionstests

In dieser Arbeit wurde zunächst der Fragestellung nachgegangen, welche Gummiarten eine bakteriostatische und/oder fungistatische Wirkung auf die Testorganismen haben bzw. welche Gummiarten von den Testorganismen überwachsen werden können. Dafür wurden Agardiffusionstests, wie im Kapitel 2.6 beschrieben, durchgeführt.

Die Testmaterialien FÜ 1, FÜ 3, PH 1, PH 2 und PH 3 besaßen eine mikrobiostatische Wirkung. Dieses wurde über die Bildung von Hemmhofradien nachgewiesen (Tabelle 11).

Tabelle 11: Darstellung der Hemmhofradien um die kreisrunden Gummiprobekörper (nach 2.1.2), die im Agardiffusionstest in Anlehnung an DIN 58940 nach zwei Tagen Wachstum verschiedener Prüforganismen gemessen wurden. Ergebnisse aus mindestens zwei Parallelversuchen jeweils auf ganze mm gerundet. Die Schwankungsbreite der Hemmhofradien kann mit ± 2 mm angegeben werden. Bei den Probekörpern GK 1, GK 2, GK 3 und FÜ 2 ergab sich in keinem Fall ein Hemmhof, deshalb sind diese Ergebnisse nicht dargestellt.

Testorganismus	Hemmhofradius im mm beim Prüfkörper				
	FÜ 1	FÜ 3	PH 1	PH 2	PH 3
A. tamarii	16	0	24	1	30
G. westfalica	16	0	23	0	26
G. polyisoprenivorans	19	19	23	19	24
S. halstedii	16	20	29	21	34
Pa. lilacinus	17	0	20	1	20
Pa. Variotii	23	0	22	20	17
A. alternata	20	0	22	0	24
A. ustus	19	0	28	0	29
A. niger	0	0	16	10	17
P. funiculosum	21	0	23	12	31
C. globulosum	22	0	35	2	42
T. virens	27	0	24	10	24

Die Prüfkörper PH 1 und PH 3 zeigten gegenüber allen zwölf eingesetzten Testorganismen Hemmhöfe. Die Hemmhofradien lagen bei PH 1 zwischen 16 und 35 mm sowie bei PH 3 zwischen 17 und 42 mm. Eine ähnlich große Hemmwirkung hatte der Prüfkörper FÜ 1 auf die Testorganismen. Hier zeigten sich Hemmhofradien zwischen 16 und 27 mm, mit Ausnahme von *Aspergillus niger*, der als einziger Organismus nicht in seinem Wachstum durch FÜ 1 beeinträchtigt wurde. Der Prüfkörper PH 2 zeigte deutliche Hemmhöfe gegenüber sechs Organismen: *Gordonia polyisoprenivorans* (19 mm), *Streptomyces halstedii* (21 mm), *Paecilomyces variotii* (20 mm), *Aspergillus niger* (10 mm), *Penicillium funicolocum*

(12 mm) und *Trichoderma virens* (10 mm). Bei *Aspergillus tamarii, Paecilomyces lilacinus* und *Chaetomium globulosum* konnte nur eine sehr geringe Hemmwirkung mit Hemmhöfen zwischen 1 und 2 mm nachgewiesen werden. Bei *Gordonia westfalica, Altanaria altanata* und *Aspergillus ustus* war keine Hemmwirkung zu beobachten.

Tabelle 12: Oberflächenbewuchs der Prüfkörper im Agardiffusionstest nach sieben Tagen Wachstum verschiedener Prüforganismen. Die Ergebnisse aus mindestens 3 Parallelversuchen wurden gerundet auf ganze Einheiten (Darstellung der Einheiten nach Siegert 1985: 0 = 0%, 1 = 0 bis < 5 %, 2 = 5 bis 25 %, 3 = 25 bis 50 %, 4 = 50 bis 99 %, 5 = 100 %). Bei den Probekörpern FÜ 1, PH 1 und PH 3 zeigte sich in keinem Fall ein Oberflächenbewuchs, deshalb werden diese Ergebnisse nicht dargestellt

Testorganismus	Oberflächenbewuchs bei Prüfkörper					
	GK 1	GK 2	GK 3	FÜ 2	FÜ 3	PH 2
A. tamarii	2	1	2	2	2	2
G. westfalica	1	2	0	0	0	0
G. polyisoprenivorans	0	0	0	0	0	0
S. halstedii	0	2	1	2	0	0
P. aeruginosa	0	0	0	0	0	0
Pa. lilacinus	3	3	3	4	4	2
Pa. Variotii	2	2	2	1	1	0
A. alternata	3	3	3	4	2	2
A. ustus	3	5	4	5	2	2
A. niger	1	1	1	1	0	0
P. funiculosum	2	3	3	3	3	1
C. globulosum	3	4	3	4	2	2
T. virens	4	5	5	4	4	2

Bei den Probematerialien GK 1, GK 2, GK 3 und FÜ 2 ergab sich in keinem Fall ein Hemmhof. Vielmehr zeigte sich, dass diese Testmaterialien von den Organismen mehr oder weniger stark bewachsen wurden (Tabelle 12). Die Gummimaterialien FÜ 3 und PH 2 wurden von den Organismen ebenfalls teilweise besiedelt, obwohl sie auch in der Lage waren, über einen kurzen Zeitraum das Wachstum zu hemmen (Tabelle 11). Die Überwuchsraten fielen bei diesen beiden Materialien jedoch am schwächsten aus. Im Detail betrachtet konnten sieben Testorganismen die Prüfmaterialien GK 1, GK 2, GK 3, FÜ 2, FÜ 3 und PH 2 besiedeln. Dieses waren in absteigender Reihenfolge der Besiedlungsrate aufgeführt *Trichoderma virens, Aspergillus ustus, Paecilomyces lilacinus, Chaetomium globulosum, Altanaria alternata, Penicillium funiculosum* und *Aspergillus tamarii*. Dabei zeigte sich bei dem Material PH 2 der geringste Bewuchs mit jeweils unter 25 %. Die höchsten Bewuchsraten wiesen GK 2, GK 3 und FÜ 2 auf. Bei den Organismen *Gordonia westfalica, Streptomyces halstedii, Paecilomyces variotii* und *Aspergillus niger* erfolgte ein geringer Oberflächenbewuchs von 0 bis 25 %. Das Testmaterial PH 2 konnte von diesen

Organismen gar nicht und FÜ 3 nur von *Paecilomyces variotii* mit einer Rate von bis zu 5 % besiedelt werden. *Gordonia polyisoprenivorans* und *Pseudomonas aeruginosa* waren als einzige nicht in der Lage, die Gummiprüfkörper zu überwachsen.

3.3 Anheftungsversuche

Da die getesteten Organismen dazu fähig waren, pulverisiertes Gummi in einer Schüttelkultur als Nahrungsquelle zu nutzen und zu wachsen, liegt der Schluss nahe, dass sie dabei wahrscheinlich auch an das Testmaterial angeheftet waren. Um dies zu überprüfen, wurden Anheftungsversuche in Anlehnung an die Methode von Harneit et. al (2006) durchgeführt. Die Zellen wurden zur Vorbereitung über Nacht in Kochsalzlösung gehalten, um sie „auszuhungern". Danach wurden sie in eine Schüttelkultur mit Gummimedium FB 2004 überführt und die Lebendzellzahl im Überstand zu verschiedenen Zeitpunkten gemessen. Als Prüfmaterialien wurden GK 1, GK 2, und PH 3 eingesetzt mit *Gordonia polyisoprenivorans* als Testorganismus.

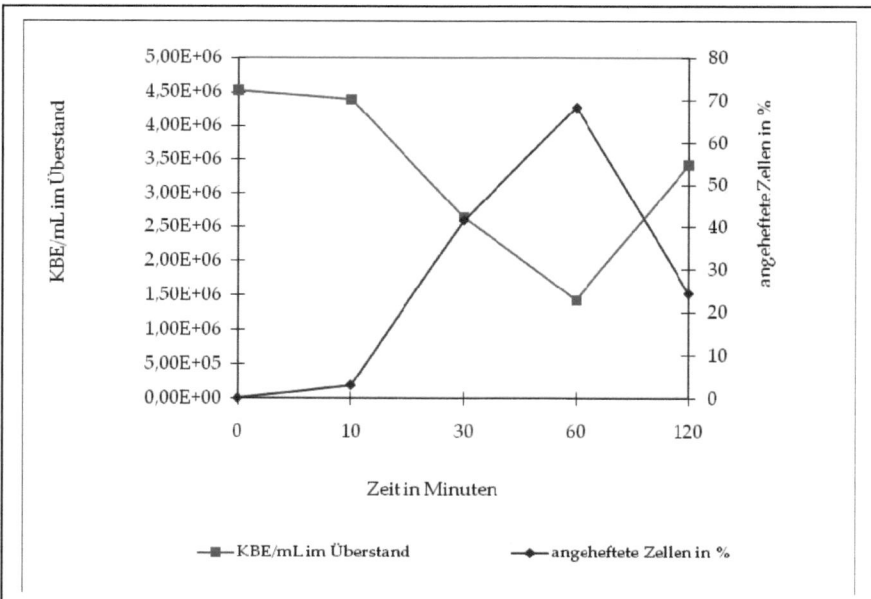

Abbildung 5: Ergebnisse des Anheftungsversuches (4 Parallelversuche) über 120 Minuten von *Gordonia polyisoprenivorans* in Gummimedium FB 2004 mit GK 1-Pulver als Testmaterial. Versuch als Schüttelkultur (150 Upm) bei 22 °C. Dargestellt ist die Lebendzellzahl im Überstand sowie die Anheftung in % in Relation zum Startwert.

Beim Wachstum mit GK 1 nimmt die Lebendzellzahl von *Gordonia polyisoprenivorans* innerhalb von 60 Minuten um ca. 60 % ab (Abbildung 5). Unter der Annahme, dass es in diesem Fall nicht zu einem atypischen Absterben der Zellen in der Kultur gekommen ist, könnte man davon ausgehen, dass zumindest ein großer Teil dieser Zellen sich an das Gummimaterial geheftet hat und somit nicht mehr im Kulturüberstand nachweisbar war. Bei dem Versuchsaufbau wäre eine Negativkontrolle wünschenswert, bei dem das Zellwachstum unter den gegebenen Bedingungen ohne Gummizusatz gemessen werden könnte. Da in diesem Fall jedoch auch die Energie- und Kohlenstoffquelle fehlen würde, gäbe es keine verwertbaren Daten. Bis zum letzten Messzeitpunkt nach zwei Stunden nimmt die Zellzahl im Überstand wieder zu, liegt jedoch immer noch 22 % unter der Ausgangszellzahl. Da die Generationszeit von Gordonia polyisoprenivorans ca. 4 h beträgt (Fusconi et al. 2006), ist es wahrscheinlich, dass in diesem Zeitraum eine Zellmehrung stattgefunden hat.

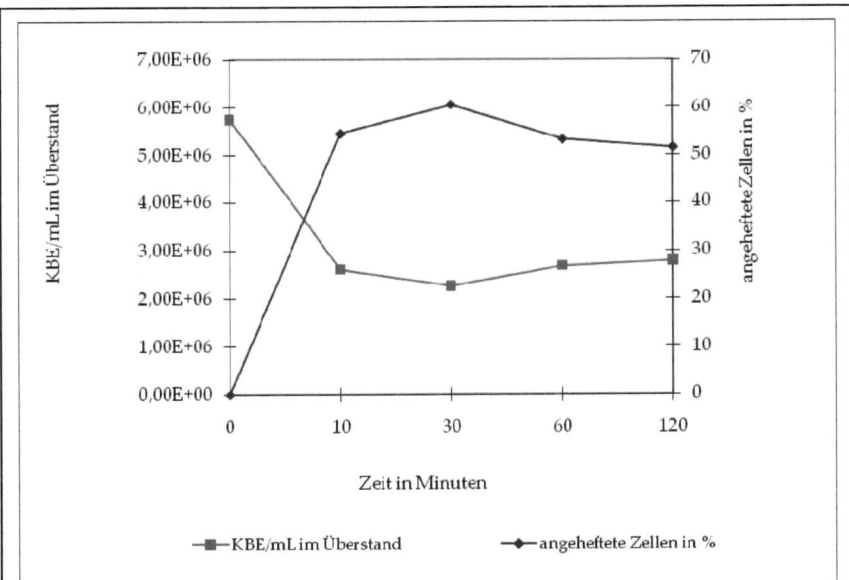

Abbildung 6: Ergebnisse des Anheftungsversuches (4 Parallelversuche) über 120 Minuten von *Gordonia polyisoprenivorans* in Gummimedium FB 2004 mit GK 2-Pulver als Testmaterial. **Versuch als Schüttelkultur (150 Upm) bei 22 °C. Dargestellt ist die Lebendzellzahl im Überstand sowie die Anheftung in % in Relation zum Startwert.**

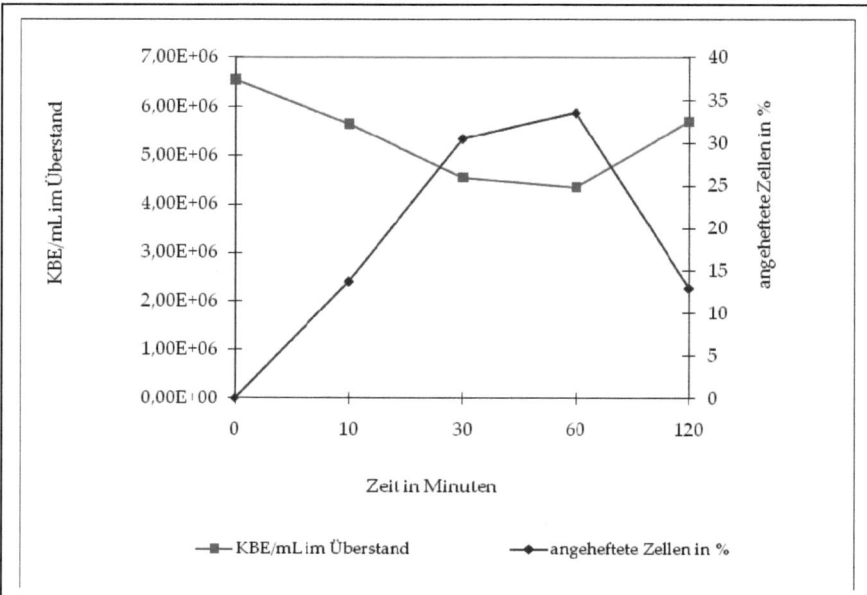

Abbildung 7: Ergebnisse des Anheftungsversuches (4 Parallelversuche) über 120 Minuten von *Gordonia polyisoprenivorans* in Gummimedium FB 2004 mit PH 3-Pulver als Testmaterial. Versuch als Schüttelkultur (150 Upm) bei 22 °C. Dargestellt ist die Lebendzellzahl im Überstand sowie die Anheftung in % in Relation zum Startwert.

Die beiden übrigen getesteten Materialien zeigen ein ähnliches Bild. Bei GK 2 ist die höchste gemessene Anheftungsrate nach 30 Minuten erreicht. Die Zellzahl im Überstand hat sich in dieser Zeit um 60 % verringert. Bis zum Versuchsende nach 120 Minuten nahm dieser Wert nur geringfügig ab. Mit dem Testmaterial PH 3 konnten keine so hohen Anheftungsraten gemessen werden. Hier lag das Maximum bei 33 % nach 60 Minuten.

3.4 Mikroskopische Visualisierungen

Da die Bestimmung der Anheftung der Bakterienzellen an das Gummimaterial in den vorangegangenen Versuchen nur indirekt ermittelt wurde, wurden die Resultate über mikroskopische Verfahren verifiziert. Dazu wurden mit *Gordonia polyisoprenivorans* und *Gordonia westfalica* rasterkraft- und fluoreszenzmikroskopische Untersuchungen an den Testmaterialien GK 2, FÜ 1 und PH 3 durchgeführt. Wenn Zellen beschrieben werden, die DAPI angefärbt sind, ist dies eine vereinfachte Beschreibung. Durch diesen Fluoreszenzfarbstoff wird die DNA der Zellen angefärbt und die Bakterienzellen werden auf diese Weise sichtbar.

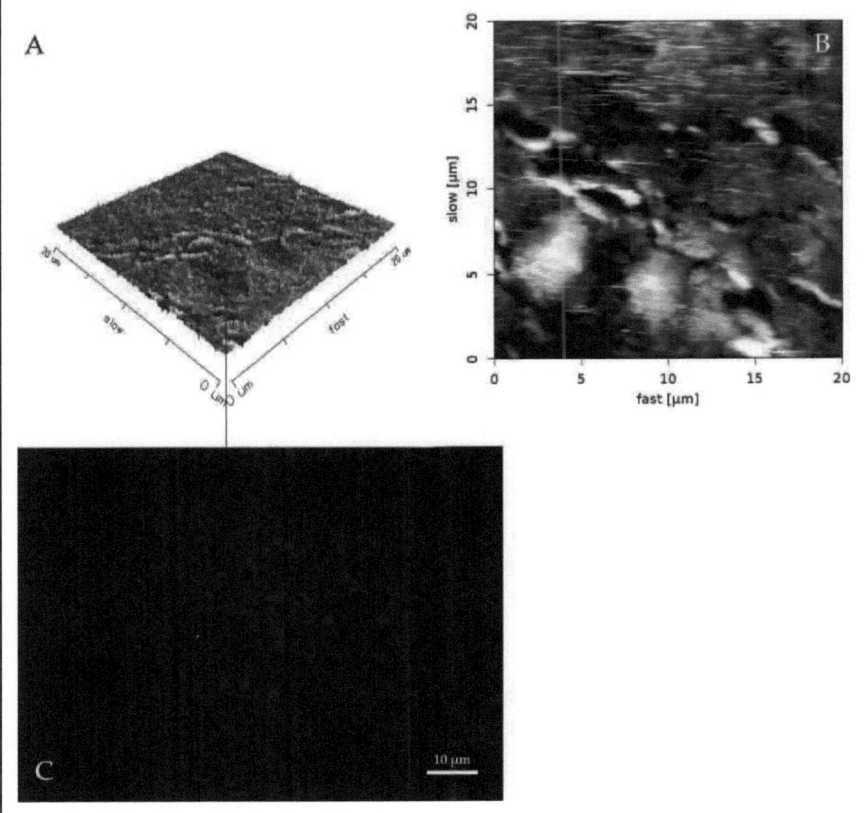

Abbildung 8 Testmaterial FÜ 1, steril: AFM-Aufnahme (contact-mode) dargestellt als 3D- (A) und 2D-Bild (B), DAPI gefärbtes Material in der Fluoreszenzaufnahme. (C)

3. Ergebnisse

Es wurden zunächst Sterilkontrollen mit den gereinigten Testmaterialien durchgeführt, um zu überprüfen, ob die Materialien für die Messungen geeignet sind und wie sie ohne Bakterien aussehen (Abbildung 8, Abbildung 9 und Abbildung 10 jeweils A bis C). Die AFM-Aufnahmen zeigen, dass die Materialien zwar leicht rau sind. Es gibt jedoch nur geringe Wechselwirkungen zwischen den Gummioberflächen und der Scan-Nadel des Rasterkraftmikroskops, die sich als Streifen auf den Bildern manifestieren. Eine Darstellung von auf dem Gummi angehefteten Testbakterien ist mit dem AFM somit möglich. Die Fluoreszenzaufnahmen zeigen zwar eine leichte Eigenfluoreszenz des Testmaterials. Die Eigenfluoreszenz ist jedoch erfahrungsgemäß nicht zu stark für die Darstellung angehefteter Bakterien.

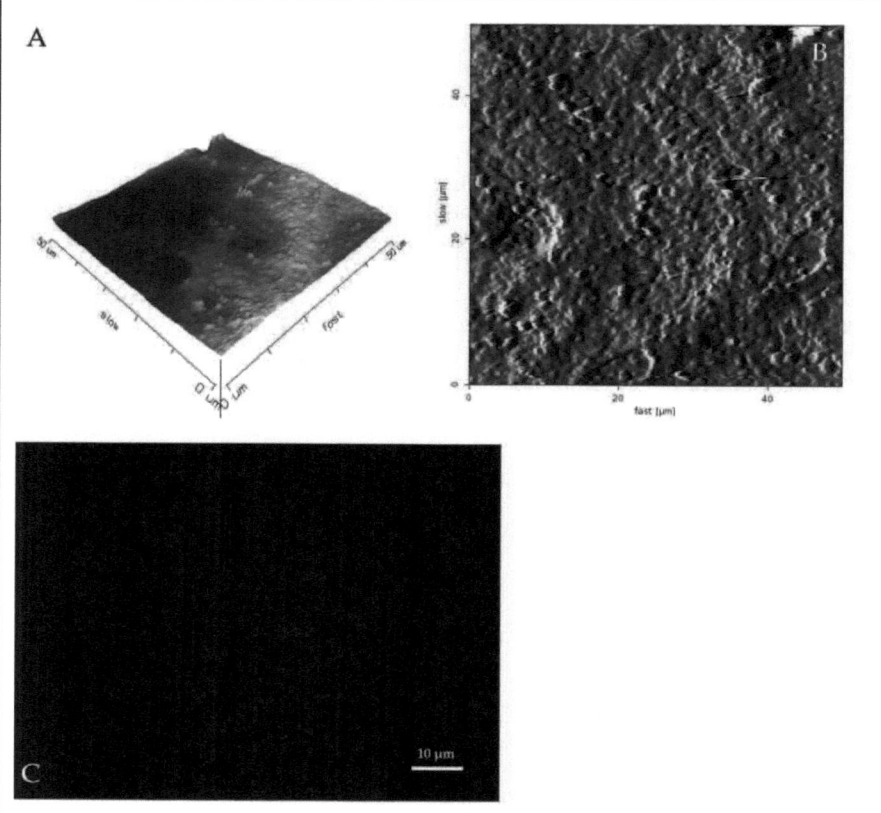

Abbildung 9: Testmaterial GK 2, steril: AFM-Aufnahme (contact-mode) dargestellt als 3D- (A) und 2D-Bild (B), DAPI gefärbtes Material in der Fluoreszenzaufnahme. (C)

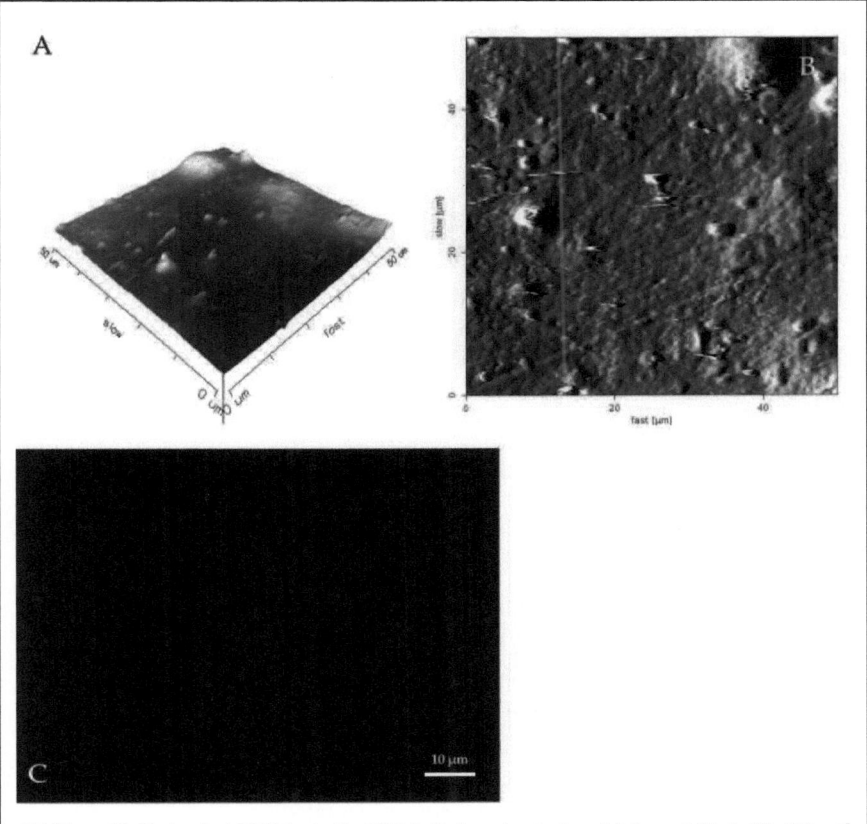

Abbildung 10: Testmaterial PH 3, steril: AFM-Aufnahme (contact-mode) dargestellt als 3D- (A) und 2D-Bild (B), DAPI gefärbtes Material in der Fluoreszenzaufnahme. (C)

Die Anheftung von *Gordonia polyisoprenivorans* an das Testmaterial FÜ 1 ist sowohl über das AFM als auch über das Fluoreszenzmikroskop nachweisbar (Abbildung 11). Die angehefteten Zellen sind einzeln, in Gruppen von zwei bis drei Zellen sowie in Mikrokolonien angeordnet. *Gordonia westfalica* bildet mit dem gleichen Testmaterial in der AFM-Aufnahme Mikrokolonien (Abbildung 12). Die DAPI-gefärbten Zellen sind in der Fluoreszenzaufnahme nicht gut detektierbar, da die Hintergrundfluoreszenz sehr hoch ist, zeigen jedoch ein ähnliches Bild wie die AFM-Aufnahmen.

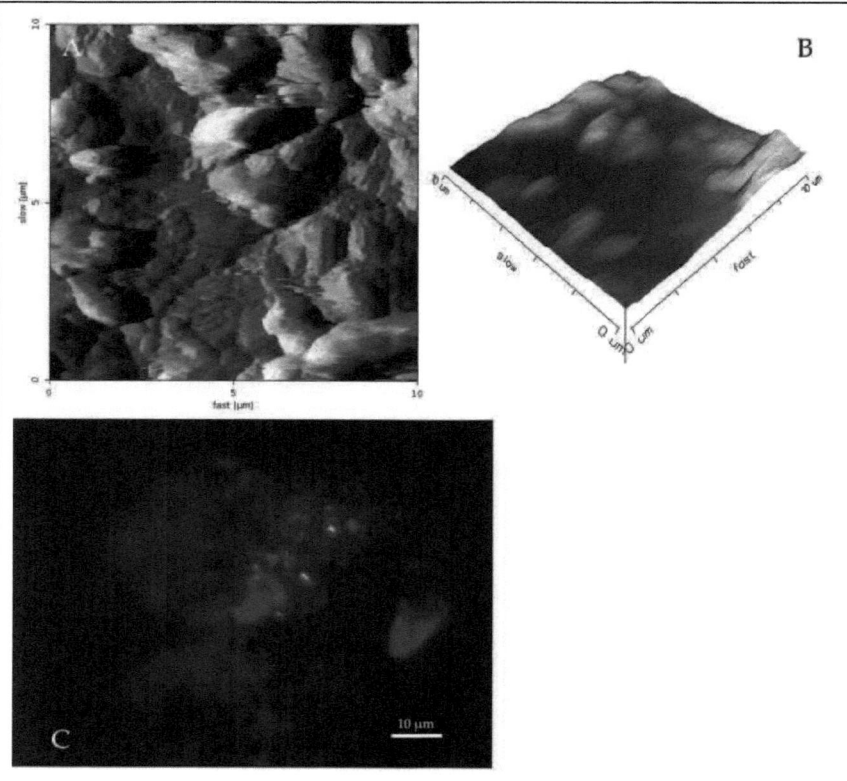

Abbildung 11: Darstellung von *Gordonia polyisoprenivorans*-Zellen angezüchtet bei 28 °C über 24 h auf CSA und für 2 h inkubiert mit Gummiplättchen FÜ 1 bei 22°C.

A und B: AFM-Aufnahmen (contact-mode) dargestellt als 2D- (A) und 3D-Bild (B).

C: DAPI-gefärbte Zellen, fluoreszenzmikroskopisch aufgenommen.

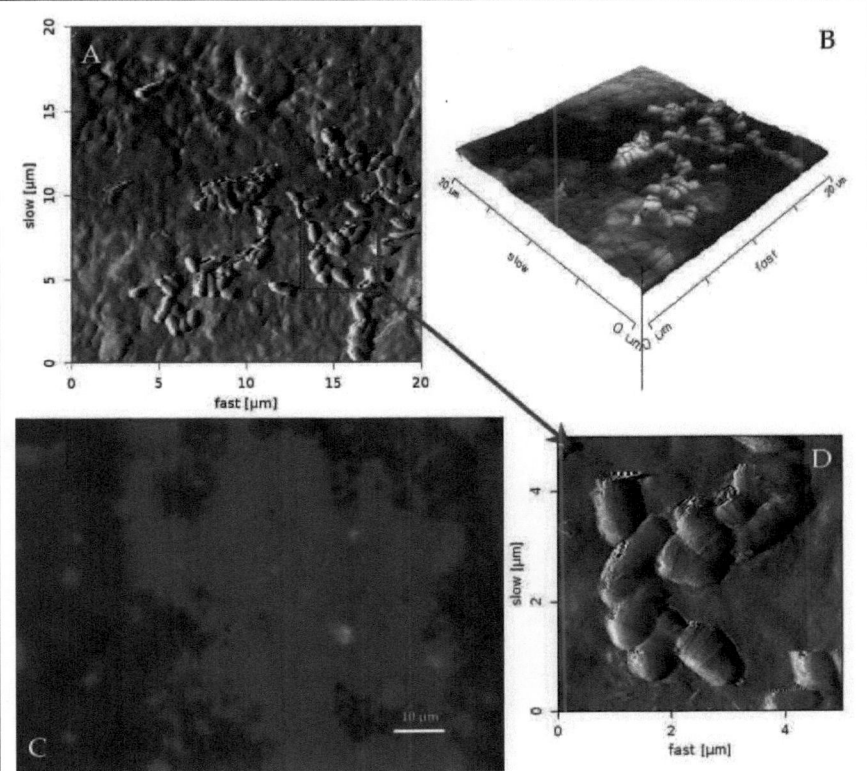

Abbildung 12: Darstellung von *Gordonia westfalica*-Zellen angezüchtet bei 28 °C über 24 h auf CSA und für 2 h inkubiert mit Gummiplättchen FÜ 1 bei 22°C.

A und B: AFM-Aufnahmen (contact-mode) dargestellt als 2D- (A) und 3D-Bild (B).

D: Vergrößerter Ausschnitt aus A.

C: DAPI-gefärbte Zellen, fluoreszenzmikroskopisch aufgenommen.

Beim Testmaterial GK 2 konnte ebenfalls sowohl für *Gordonia polyisoprenivorans* (Abbildung 13) als auch für *Gordonia westfalica* (Abbildung 14) die Anheftung der Zellen nachgewiesen werden. *Gordonia polyisoprenivorans* zeigte in der fluoreszenzmikroskopischen Aufnahme einzelne Zellen und Zellgruppen. In der AFM-Aufnahme waren zwei Zellverbände sichtbar, wovon der eine aus zwei und der andere aus vier Zellen besteht. Auch *Gordonia westfalica* besiedelt dieses Material in Mikrokolonien von zwei bis wenigen Zellen. Dies konnte mit beiden Visualisierungsverfahren nachgewiesen werden.

3. Ergebnisse 56

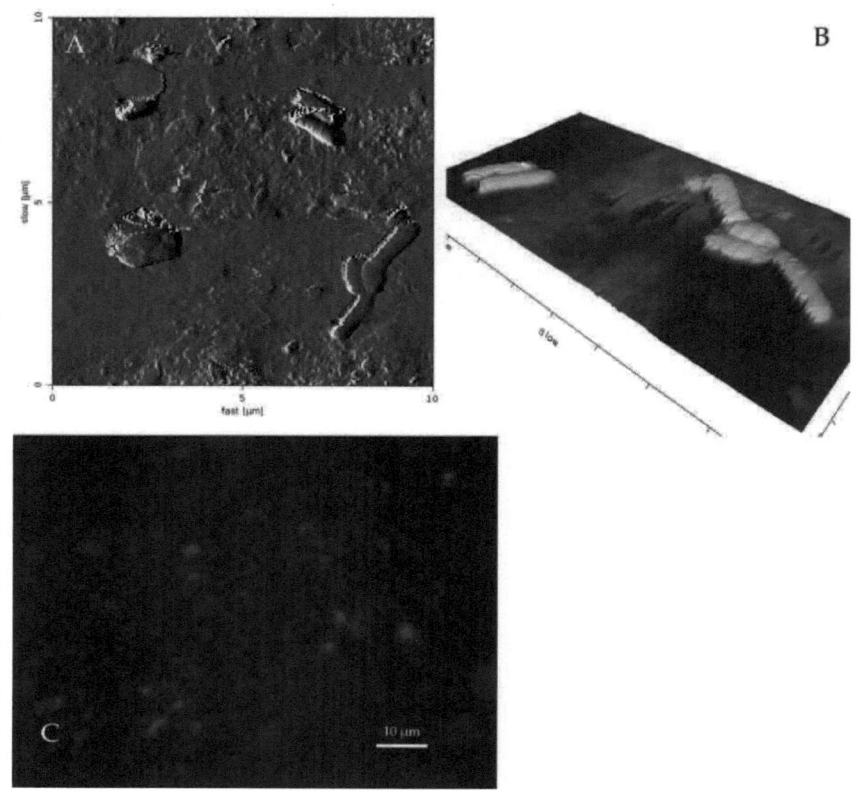

Abbildung 13: Darstellung von *Gordonia polyisoprenivorans*-Zellen angezüchtet bei 28 °C über 24 h auf CSA und für 2 h inkubiert mit Gummiplättchen GK 2 bei 22°C.

A und B: AFM-Aufnahmen (contact-mode) dargestellt als 2D- (A) und 3D-Bild (B).

C: DAPI-gefärbt und fluoreszenzmikroskopisch aufgenommen.

3. Ergebnisse 57

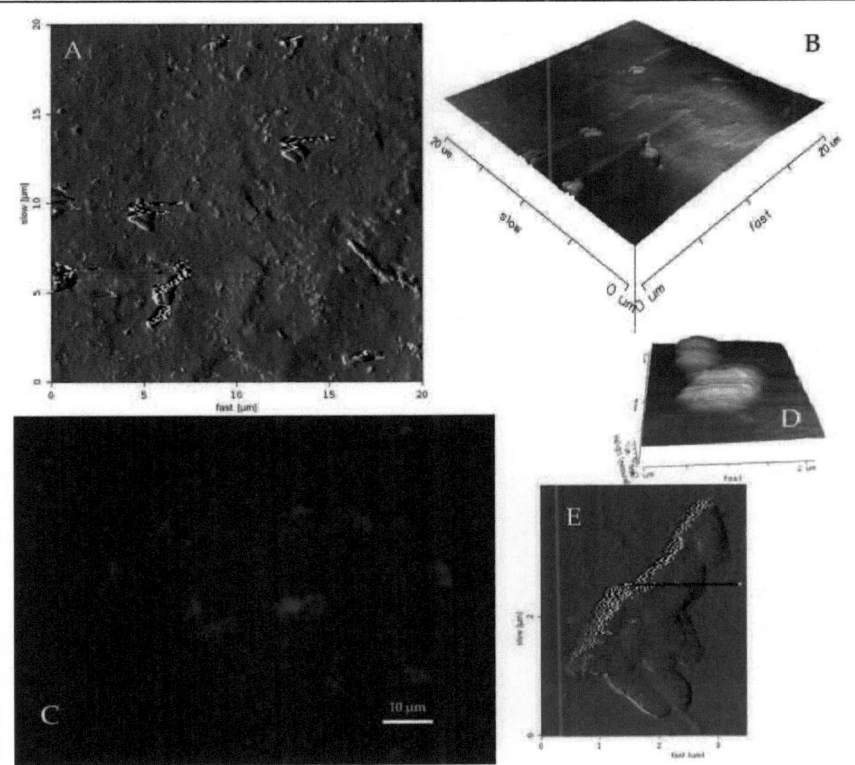

Abbildung 14: Darstellung von *Gordonia westfalica*-Zellen angezüchtet bei 28 °C über 24 h auf CSA und für 2 h inkubiert mit Gummiplättchen GK 2 bei 22°C.

A und B: AFM-Aufnahmen (contact-mode) dargestellt als 2D- (A) und 3D-Bild (B).

C: DAPI-gefärbte Zellen fluoreszenzmikroskopisch aufgenommen.

D und E: Vergrößerte AFM-Aufnahmen (contact-mode)

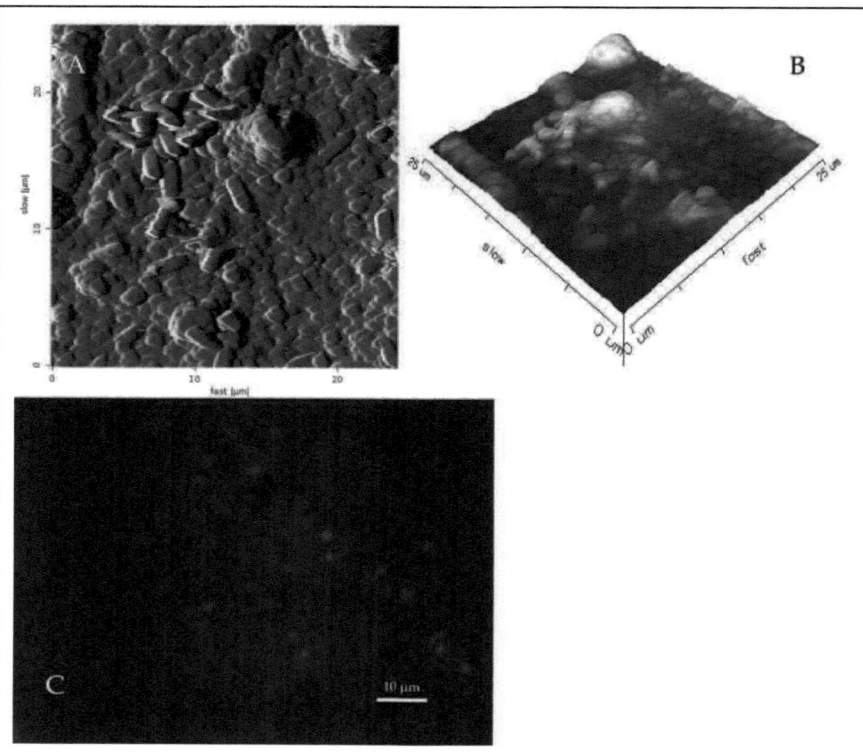

Abbildung 15: Darstellung von *Gordonia polyisoprenivorans*-Zellen angezüchtet bei 28 °C über 24 h auf CSA und für 2 h inkubiert mit Gummiplättchen PH 3 bei 22°C.

A und B: AFM-Aufnahmen (contact-mode) dargestellt als 2D- (A) und 3D-Bild (B).

C: DAPI-gefärbte Zellen, fluoreszenzmikroskopisch aufgenommen.

Auch das Testmaterial PH 3 wurde von *Gordonia polyisoprenivorans* besiedelt. Dies machten die fluoreszenzmikroskopischen Aufnahmen deutlich sichtbar (Abbildung 15). Die AFM-Aufnahmen zeigten sogar größere Agglomerationen von Zellen als die Bilder im Fluoreszenzmikroskop. Bei *Gordonia westfalica* zeigten sowohl die DAPI-gefärbten Zellen im Fluoreszenzmikroskop als auch die AFM-Aufnahmen Einzelkolonien und Mikrokolonien bei der Besiedlung von PH 3 (Abbildung 16).

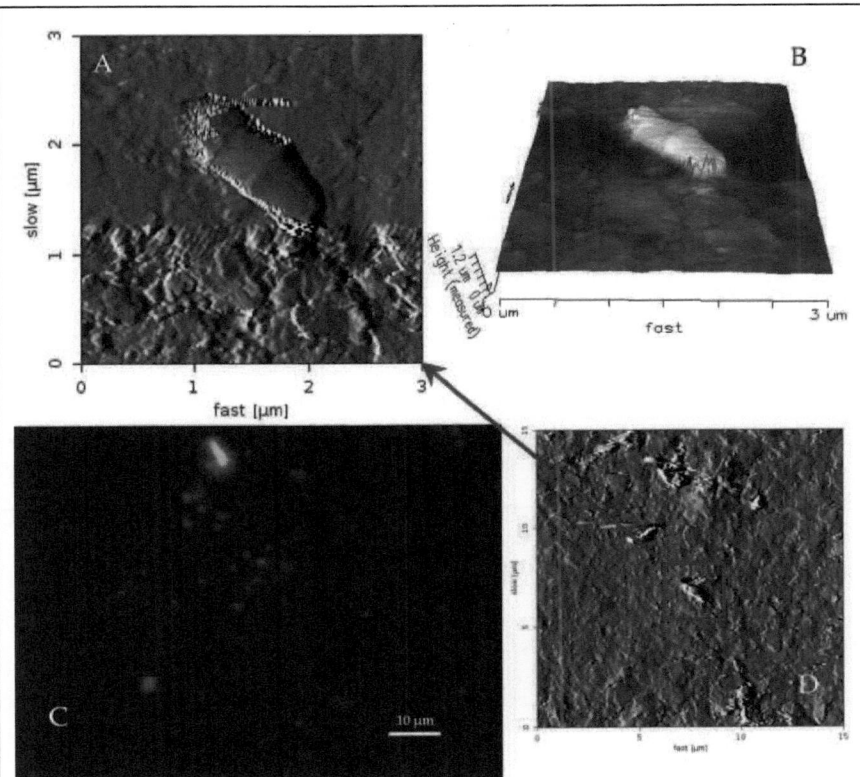

Abbildung 16: Darstellung von *Gordonia westfalica*-Zellen angezüchtet bei 28 °C über 24 h auf CSA und für 2 h inkubiert mit Gummiplättchen PH 3 bei 22°C.

A und B: AFM-Aufnahmen (contact-mode) dargestellt als 2D- (A) und 3D-Bild (B).

C: DAPI-gefärbte Zellen, fluoreszenzmikroskopisch aufgenommen.

D: AFM-Aufnahme (contact mode), Übersichtsbild von A und B in 2 D

Zusammenfassend wird festgehalten, dass *Gordonia polyisoprenivorans* und *Gordonia westfalica* an alle Testmaterialien anhefteten.

3.5 Wachstumsversuche

Die Agardiffusionstests haben gezeigt, dass eine Reihe von Bakterien und Pilzen dazu in der Lage sind, Gummi als Feststoff zu überwachsen. Als nächstes sollte überprüft werden, ob ausgewählte Bakterien mit Gummi als einziger Kohlenstoff- und Energiequelle wachsen können. Dazu wurden die beiden *Actinomyceten Gordonia polyisoprenivorans* und *Gordonia westfalica*, die in der Literatur schon mehrfach als Gummiabbauer beschrieben worden sind (Rose et Steinbüchel 2005) und *Pseudomonas aeruginosa*, ein typisches hygiene-relevantes Bakterium in Wasserleitungen, ausgewählt, welches ebenfalls als Verwerter von komplexen Substraten bekannt ist (Pankhurst et al. 1972, Linos et al. 2000 b). Als Negativkontrolle diente *Staphylococcus aureus*, der als Hautkeim voraussichtlich nicht mit Gummi wachsen kann. In Suspensionskulturen aus Gummimedium FB 2004 mit 0,1 % GK 1, GK 2, GK 3, FÜ 1, FÜ 3, PH 1 und PH 3 als einziger Energie- und Kohlenstoffquelle wurden Wachstumskurven über 42 Tage aufgezeichnet (Kapitel 2.9). Die Vorkultur wurde jeweils aus der stationären Wachstumsphase entnommen.

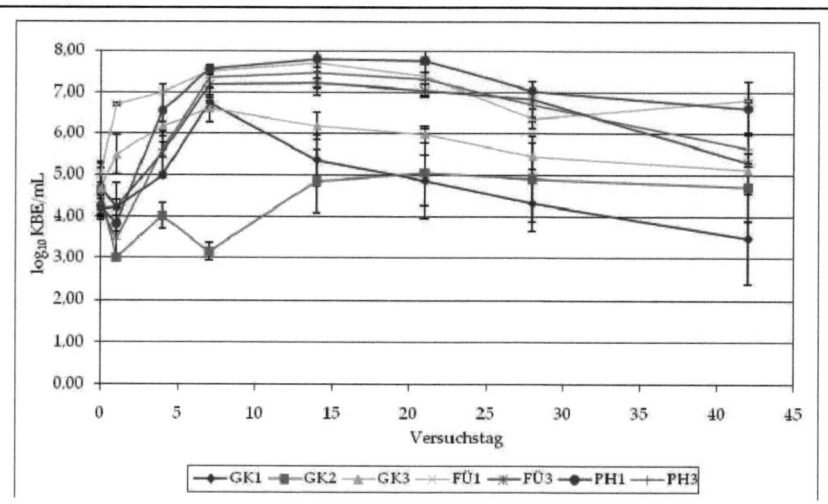

Abbildung 17: Wachstumskurven (Lebendzellzahl in KBE/mL) von *Gordonia polyisoprenivorans* mit sieben verschiedenen Gummimaterialien (0,1 %) als einziger Kohlenstoff- und Energiequelle in Gummimedium FB 2004 in einer Schüttelkultur (150 Upm) bei 28 °C über 42 Tage. Die Vorkultur wurde aus der stationären Phase entnommen.

Gordonia polyisoprenivorans

Ausgehend von einer Lebendkeimzahl zwischen 10^4 und 10^5 KBE/mL konnten für alle Gummimaterialien mit Ausnahme von GK 2 typische Wachstumskurven mit exponentiellem Wachstum bis zum siebten Tag, einer stationären Phase bis zum 21. Tag und einer anschließenden Absterbephase festgestellt werden (Abbildung 17). Ob der exponentiellen Wachstumsphase eine *lag*-Phase vorgeschaltet war, konnte nicht erfasst werden, da die erste Keimzahlbestimmung erst nach 24 Stunden erfolgte und damit voraussichtlich nach Ende der *lag*-Phase. Wie bei allen weiteren Wachstumskurven sind jeweils die Mittelwerte und als Fehlerbalken die Standardabweichungen von mindestens vier Parallelversuchen aus zwei unterschiedlichen Versuchsansätzen dargestellt. Die höchsten Keimzahlmaxima wurden an Tag 14 beim Wachstum mit PH 1, FÜ 1, PH 3 und FÜ 3 erreicht. Die Keimzahlen lagen hier bei 10^8 KBE/mL (entspricht ca. $\log_{10}$ 7,8) für PH 1 und FÜ 1, bei 5 x 10^7 KBE/mL (entspricht ca. $\log_{10}$ 7,5) für PH 3 und bei ca. 1 bis 2 x 10^7 KBE/mL (entspricht ca. $\log_{10}$ 7,2). Das bedeutet, dass Gummi als Nahrungsquelle eine Keimzahlvermehrung um drei bis vier log-Stufen ermöglichte. Mit GK 3 als Gummiquelle wurde zwar auch eine klassische Wachstumskurve erreicht, jedoch mit einem niedrigeren Wachstumsmaximum (ca. 1 bis 2 x 10^6 KBE/mL entspricht ca. $\log_{10}$ 6,6), das bereits an Tag 7 erreicht war. Bei GK 2 ergab sich keine klassische Wachstumskurve. Die Lebendkeimzahl sank zunächst auf 1 x 10^3 KBE/ml (= $\log_{10}$ 3,0), erhöhte sich dann bis zum 14. Versuchstag auf ca. 10^5 KBE/ml und blieb bis zum Versuchsende etwa konstant.

Gordonia westfalica

Die Wachstumskurven zu *Gordonia westfalica* zeigen einen ganz ähnlichen Verlauf wie bei *Gordonia polyisoprenivorans* (**Fehler! Verweisquelle konnte nicht gefunden werden.**). Nach einer exponentiellen Wachstumsphase bis zum Tag 7, schließt sich bei den Materialien FÜ 1 und PH 1 eine stationäre Phase bis Tag 21 an, die anschließend ein eine Absterbephase übergeht. Diese beiden Gummiarten weisen auch die höchsten Zellzahlmaxima von knapp 10^8 KBE/mL (entspricht ca. $\log_{10}$ 7,7) beim Wachstum mit FÜ 1 und ca. 1 bis 2 x 10^7 KBE/mL (entspricht ca. $\log_{10}$ 7,2) beim Wachstum mit PH 1 auf. Die Wachstumskurven mit Testmaterialien GK 1, GK 3, FÜ 3 und PH 3 als Kohlenstoff- und Energiequelle gehen direkt von der exponentiellen Wachstumsphase in die Absterbephase über. Die Wachstumsmaxima waren bei diesen Materialien geringer als bei FÜ 1 und PH 1 (ca. 4 bis 6 x 10^6 KBE/mL entspricht $\log_{10}$ 6,5 – 6,7 für GK 1, GK 3 und PH 3 bzw. 1 bis 2 x 10^6 KBE/mL entspricht $\log_{10}$ 6,2 für PH 1). Das bedeutet, dass diese Gummiarten von *Gordonia westfalica* schlechter zum Wachstum nutzen konnten als FÜ 1 und PH 1. Wie bei *Gordonia polyisoprenivorans* zeigte die Wachstumskurve mit GK 2 als Nahrungsquelle einen atypischen Verlauf mit geringen Zellzahlzuwächsen.

3. Ergebnisse 62

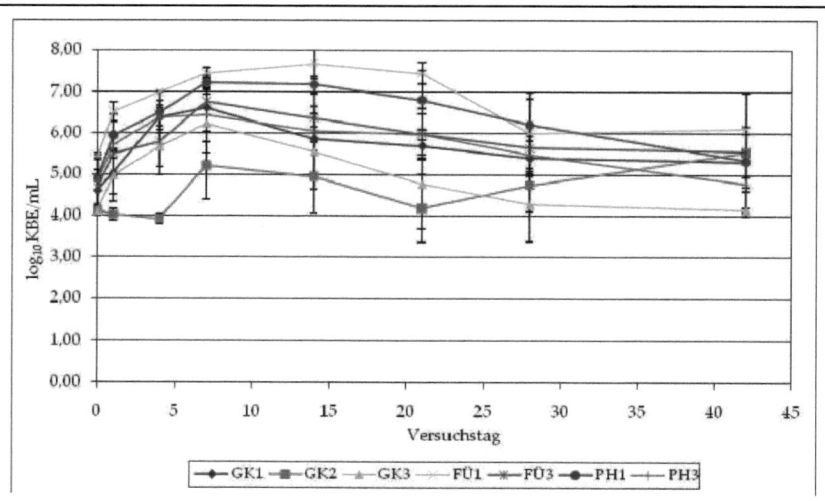

Abbildung 18: Wachstumskurven (Lebendzellzahl in KBE/mL) von *Gordonia westfalica* mit sieben verschiedenen Gummimaterialien (0,1 %) als einziger Kohlenstoff- und Energiequelle in Gummimedium FB 2004 in einer Schüttelkultur (150 Upm) bei 28 °C über 42 Tage. Die Vorkultur wurde aus der stationären Phase entnommen.

Pseudomonas aeruginosa

Die Wachstumskurven von *Pseudomonas aeruginosa* mit Gummi als einziger Kohlenstoff- und Energiequelle unterschieden sich deutlich von denen der beiden *Gordonia*-Stämme (Abbildung 19). Es zeigte sich eine kurze viertägige Phase exponentiellen Wachstums, der eine Phase langsameren Zellzuwachses folgte. Ab dem 14. Versuchstag schloß sich bei allen untersuchten Testmaterialien eine stationäre Wachstumsphase an, die mit Ausnahme des Gummimaterials FÜ 3 auch bis zum Versuchsende andauerte. Lediglich bei FÜ 3 konnte eine Absterbephase ab Tag 21 beobachtet werden. Ausgehend von einer Anfangszellzahl von ca. 3 bis 4 x 10^5 KBE/mL zeigte sich der größte Zellzuwachs beim Wachstum mit PH 1 (1,67 x 10^9 KBE/mL, entspricht $\log_{10}$ 9,16), gefolgt von FÜ 1 und PH 3 (5 bzw. 2 x 10^8 KBE/mL, entspricht $\log_{10}$ 8,3 bzw. 8,7). Insgesamt zeigte sich, dass *Pseudomonas aeruginosa* zwar langsamere Zellzuwachsraten beim Wachstum mit Gummi aufweist als *Gordonia polyisoprenivorans* bzw. *Gordonia westfalica*, jedoch wurde auch hier eine Gesamtwachstumsrate von drei bis vier Zehnerpotenzen erreicht. Das Testmaterial GK 2, welches bei den beiden *Gordonia*-Stämmen atypische Wachstumskurven aufwies, führte bei *Pseudomonas aeruginosa* zwar zu den geringsten Zellzuwächsen jedoch mit einem sehr ähnlichen Wachstumsverlauf im Vergleich zu den anderen Gummiarten.

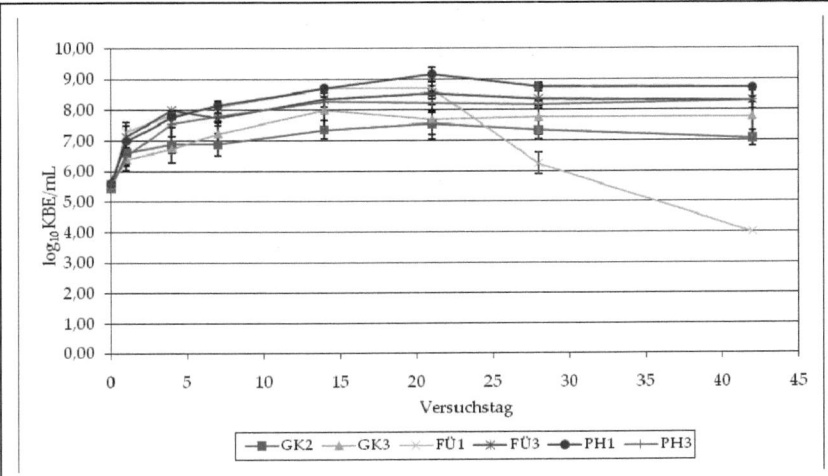

Abbildung 19: Wachstumskurven (Lebendzellzahl in KBE/mL) von *Pseudomonas aeruginosa* mit sieben verschiedenen Gummimaterialien (0,1 %) als einziger Kohlenstoff- und Energiequelle in Gummimedium FB 2004 in einer Schüttelkultur (150 Upm) bei 28 °C über 42 Tage. Die Vorkultur wurde aus der stationären Phase entnommen.

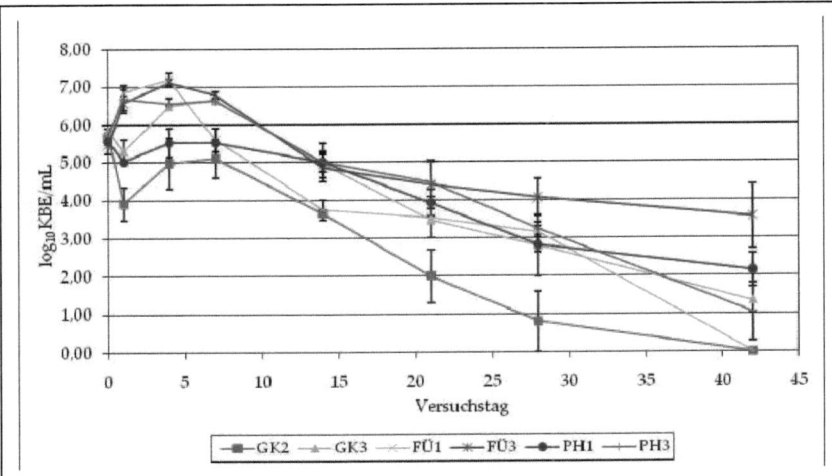

Abbildung 20: Wachstumskurven (Lebendzellzahl in KBE/mL) von *Staphylococcus aureus* mit sieben verschiedenen Gummimaterialien (0,1 %) als einziger Kohlenstoff- und Energiequelle in Gummimedium FB 2004 in einer Schüttelkultur (150 Upm) bei 28 °C über 42 Tage. Die Vorkultur wurde aus der stationären Phase entnommen.

Staphylococcus aureus

Die Wachstumskurven, die *Staphylococcus aureus* beim Wachstum mit unterschiedlichen Gummiarten zeigte, waren insgesamt geprägt von einem starken Lebendzellzahlrückgang (Abbildung 20). Zwar konnte bei FÜ 1, FÜ 3, GK 3 und PH 3 bis zum Tag 4 des Versuches ein Anstieg der Zellzahl um maximal eine Zehnerpotenz festgestellt werden, jedoch nahm in allen Versuchsansätzen von diesem Zeitpunkt an die Zellzahl ab und tendierten bei GK 2 und FÜ 1 bis zum Versuchsende gegen null. Bei allen anderen zum Wachstum angebotenen Gummiarten sank die Zellzahl deutlich unter das Ausgangsniveau.

Zusammenfassend zeigten die Wachstumsversuche, dass die untersuchten Organismen bis auf *Staphylococcus aureus* mit den unterschiedlichen Gummiarten typische Wachstumskurven aufwiesen, das heißt dass die Organismen tatsächlich dazu in der Lage waren, Gummi zu verstoffwechseln. Der Einsatz von FÜ 1 und PH 1 als Nahrungsquelle förderte die höchsten Zellzuwachsraten, wohingegen das Wachstum mit GK 2 am niedrigsten war.

3.6 Wachstumskontrolle mittels DGGE

Mit der DGGE-Technik wurde eine Wachstumskontrolle artifizieller Bakterienkonsortien von *Gordonia polyisoprenivorans*, *Gordonia westfalica*, *Pseudomonas aeruginosa* und *Staphylococcus aureus* durchgeführt, um zu überprüfen, wie sich das Wachstum verschiedener Bakterien mit Gummi in einer Konkurrenzsituation relativ zu einander verändert. In Abbildung 21 und Abbildung 22 sind exemplarisch Ergebnisse von zwei DGGE-Gelen dargestellt. Auf diesen Gelen sind die PCR-Produkte der 16 S rRNA-Banden der Testbakterien nach dem Wachstum mit 0,1 % Gummi (Testmaterial GK 2) bzw. 0,1 % Glucose gegenübergestellt.

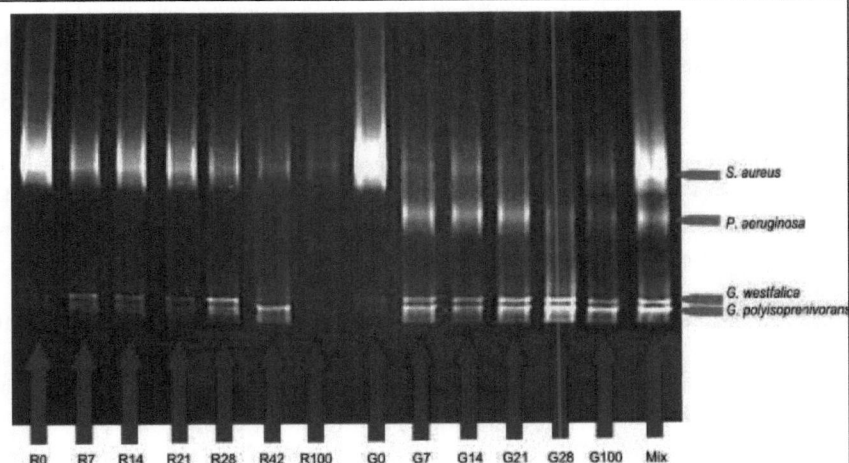

Abbildung 21: DGGE Gel mit Banden der PCR-Produkte der 16 S rRNA der extrahierten DNA der Testbakterien : Versuche mit einer Start-Lebendzellzahl von 5×10^8 KBE/mL von *Staphylococcus aureus*, *Pseudomonas aeruginosa*, *Gordonia westfalica* und *Gordonia polyisoprenivorans* und dem Wachstum in Gummimedium FB 2004 mit GK 2 bzw. Glucose als einziger Energie- und Kohlenstoffquelle bei 28 °C als Schüttelkultur.

Stromspannung: 200 V, Laufzeit des Gels: 6,5 h, DNA-Anfärbung mit Ethidiumbromid

Legende: R = Rubber (Gummi), G = Glucose, Mix = Mischung aller Mikroorganismen. Die Zahlen hinter den Buchstaben geben den Versuchstag an.

Beide DGGE-Profile zeigen, dass die PCR-Produkte aller vier Teststämme im DGGE-Gel zu distinkten Banden migriert sind und damit detektiert werden konnten. Es ist davon auszugehen, dass die Intensität der Banden mit der Keimzahl der Testbakterien korreliert.

Bei einer Startkeimzahl von 5 x 10^8 KBE/mL (Abbildung 21) zeigten die Zellextrakte der mit 0,1 % Gummi GK 2 angezüchteten Mikroorganismen im DGGE-Gel Banden auf der Laufweite von *Gordonia polyisoprenivorans* und *Gordonia westfalica*. Die Intensität dieser Banden wurde im Verlauf der drei Versuchsmonate kontinuierlich intensiver. Nach 100 Tagen sind jedoch nur noch schwache Banden im Gel erkennbar. Die entsprechenden Banden der beiden anderen Stämme *Pseudomonas aeruginosa* und *Staphylococcus aureus* wurden dagegen über den Versuchszeitraum kontinuierlich schwächer. Nach 42 Tagen konnte Pseudomonas aeruginosa nicht mehr detektiert werden.

Die Parallelversuche mit 0,1 % Glucose als Kohlenstoff- und Energiequelle zeigten für die Teststämme *Gordonia polyisoprenivorans* und *Gordonia westfalica* während der gesamten Versuchslaufzeit von 100 Tagen DNA-Banden im DGGE-Gel. Optisch werden die Banden von Versuchsbeginn an kontinuierlich intensiver und sind dann nach 28 Tagen am stärksten. Nach 100 Tagen sind die Banden dann wieder weniger intensiv als nach 28 Tagen. Bei *Pseudomonas aeruginosa* sind die Banden im Gel an Versuchstag 7, 14 und 21 deutlich sichtbar; an den Tagen 28 und 100 nur noch schwach erkennbar. Die Bande des PCR-Produktes von *Staphylococcus aureus* war bei Versuchsbeginn sehr stark sichtbar, an den folgenden Versuchstagen nimmt die Intensität der Banden kontinuierlich ab, bis sie nach 28 und 100 Tagen nur noch schwach erkennbar ist.

Die Abbildung 22 zeigt die Versuchsergebnisse mit einer Ausgangskeimzahl von 1 x 10^5 KBE/mL. Die PCR-Produkte der 16S rRNA, des mit 0,1 % Gummi GK 2 als einziger Energie- und Kohlenstoffquelle gewachsenen *Staphylococcus aureus* bilden bei Versuchsbeginn deutlich sichtbare Banden im DGGE-Gel, die dann schwächer werden und ab dem 42. Versuchstag nicht mehr detektierbar sind. Die Banden von *Gordonia polyisoprenivorans* und *Pseudomonas aeruginosa* sind an allen Versuchstagen einschließlich des 98. Versuchstags in optisch relativ gleichmäßiger Stärke sichtbar. Von *Gordonia westfalica* ist bei Versuchsbeginn keine DNA-Bande im Gel erkennbar, erst ab dem 42. Versuchstag wird die Bande sichtbar. Am 70. und 98. Versuchstag sind diese Banden intensiver als am 42. Versuchstag.

Die Parallelversuche mit 0,1 % Glucose als Kohlenstoff- und Energiequelle zeigten für die Teststämme *Gordonia polyisoprenivorans*, *Staphylococcus aureus* und *Pseudomonas aeruginosa* bei Beginn der Versuche eine einzige Bande. Eine Bande von *Gordonia westfalica* fehlt während des gesamten Versuches. Die Banden von *Gordonia polyisoprenivorans* sind nach 42 und 98 Tagen optisch wesentlich intensiver als beim Versuchsstart. Banden von *Staphylococcus aureus* und von *Pseudomonas aeruginosa* sind am 42. und 98. Tag nicht sichtbar. Bei *Pseudomonas aeruginosa* ist es jedoch möglich, dass die starken Banden von *Gordonia polyisoprenivorans* die in der Nähe liegende Bande von *Pseudomonas aeruginosa* überstrahlen.

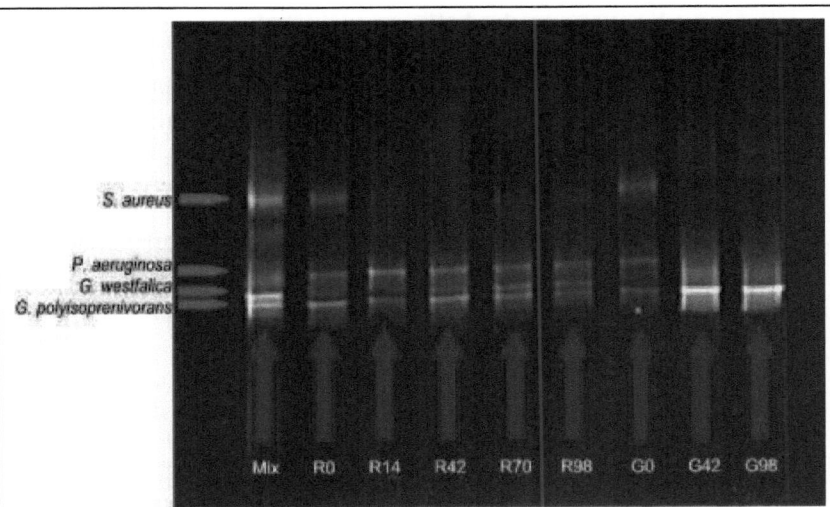

Abbildung 22: DGGE Gel mit Banden der PCR-Produkte der 16 S rRNA der extrahierten DNA der Testbakterien: Versuche mit einer Start-Lebendzellzahl von jeweils ca. 1×10^5 KBE/mL von *Staphylococcus aureus, Pseudomonas aeruginosa, Gordonia westfalica* und *Gordonia polyisoprenivorans* nach dem Wachstum in Gummimedium FB 2004 mit 0,1 % GK 2 bzw. Glucose als einziger Energie- und Kohlenstoffquelle bei 28 °C als Schüttelkultur.

Stromspannung: 200 V, Laufzeit des Gels: 6,5 h, DNA-Anfärbung mit Ethidiumbromid

Legende: R = Rubber (Gummi), G = Glucose, Mix = Mischung aller Mikroorganismen. Die Nummern hinter den Buchstaben geben den Versuchstag an.

3.7 Bestimmung des Fettsäurespektrums

Durch die Bestimmung des Fettsäurespektrums sollte festgestellt werden, ob sich die Bakterien in ihrem Stoffwechsel bei Wachstum mit Gummi den veränderten Lebensverhältnissen anpassen. Dafür wurde *Gordonia polyisoprenivorans* zum einen mit 0,1 % Gummi PH 3 und zum Vergleich mit 0,1 % Glucose als einziger Kohlenstoff- und Energiequelle angezüchtet.

Tabelle 13: Fettsäurespektrum von *Gordonia polyisoprenivorans* angezüchtet bei 28 °C in der Schüttelkultur mit Glukosemedium 2004 mit 0,1 % Glucose bzw. Gummimedium FB 2004 mit 0,1 % Gummi PH 3 (EPDM) als einziger Kohlenstoff- und Energiequelle.
Die Fettsäuren wurden als Tri-Methylester mittels GC und GC-MS gemessen.
In den mit Gummi angezüchteten Proben waren 16 % der enthaltenen Stoffe nicht identifizierbar. Die nicht abtrennbaren Gummibestandteile haben die Messungen beeinflusst.

Zelluläre Fettsäuren	Gehalt an Fettsäuren (%) der Zellen angezüchtet mit	
	0,1 % Glucose	0,1 % Gummi
$C_{14:0}$	1	2
$C_{15:0}$	0	3
$C_{16:1}$	13	0
$C_{16:0}$	31	29
$C_{17:1}$	0	0
$C_{17:0}$	0	3
$C_{18:1}$	4	0
$C_{18:0}$	3	13
TBSA	48	34

Legende:

$C_{14:0}$ =	Myristinsäure = Tetradecansäure
$C_{15:0}$ =	Pentadecansäure
$C_{16:1}$ =	Palmitoleinsäure
$C_{16:0}$ =	Palmitinsäure = Hexadecansäure
$C_{17:1}$ =	Linolsäure
$C_{17:0}$ =	Margarinsäure = Heptadecansäure
$C_{18:1}$ =	Ölsäure
$C_{18:0}$ =	Stearinsäure
TBSA =	Tuberkulostearinsäure

Bei den mit Glucose gewachsenen Bakterien sind die dominierenden zellulären Fettsäuren die Tuberkulo-Stearinsäure (48 %), die Palmitinsäure (31 %) und die Palmitoleinsäure (13

%) (Tabelle 13). Ferner konnten noch Ölsäure (4 %), Stearinsäure (3 %) und Myristinsäure (1 %) detektiert werden. Beim Wachstum mit PH 3-Gummi als einziger Kohlenstoff- und Energiequelle sind zwar Tuberkulo-stearinsäure und Palmitinsäure immer noch die vorherrschenden Fettsäuren mit einem Anteil von 34 bzw. 29 %. Im Unterschied zum Wachstum mit Glucose konnte jedoch ein größerer Anteil an Stearinsäure (13 %) gemessen werden, wohingegen die einfach ungesättigten Fettsäuren Palmitoleinsäure und Ölsäure überhaupt nicht detektiert werden konnten. Ferner wurde beim Wachstum mit Gummi von den Zellen noch Pentadecansäure (3 %), Margarinsäure (3 %) und Myristinsäure (2 %) als zelluläre Fettsäuren synthetisiert.

In synthetischem Gummi können bis zu 1 % Fettsäuren insbesondere Stearinsäure als Hilfsmittel während der Vulkanisation im „Schwefel-Beschleuniger-System" und/oder als Gleit- oder Dispersionsmittel enthalten sein (Sommer 2006). In den Versuchen mit sterilem Gummimaterial konnten keine Fettsäuren detektiert werden. Ein möglicher Einfluss auf die dargestellten Resultate ist deshalb zu vernachlässigen.

3.8 Gummi-Abbauversuche

Die Wachstumsversuche haben gezeigt, dass die untersuchten Organismen mit Gummi als Nahrungsquelle wachsen können. In der Praxis interessiert jedoch, in wie weit das Gummi beispielsweise in Trinkwasserleitungen durch Bakterien abgebaut wird. Über Abbauversuche wurde versucht, dies zu quantifizieren. Als Teststämme wurden wie in den Wachstumsversuchen *Gordonia polyisoprenivorans*, *Gordonia westfalica* und *Pseudomonas aeruginosa* sowie *Staphylococcus aureus* als Negativkontrolle eingesetzt. Zusätzlich wurde der Gummiabbau durch *Streptomyces halstedii* und *Aspergillus tamarii* bestimmt. Geprüft wurden alle sieben Gummimaterialien aus Tabelle 7. Die Gewichtsreduktionen sind im Vergleich zur Sterilkontrolle berechnet und dargestellt, da Materialspezifisch versuchsbedingt in der Sterilkontrolle Gewichtsveränderungen zwischen +0,7 % und -12,0 % gemessen worden sind (Abbildung 23). Die versuchsbedingen Gewichtsverluste sind herausgerechnet und die Gewichtsveränderungen im Vergleich zur Sterilkontrolle dargestellt worden. Die folgenden Abbildungen zeigen die absoluten und prozentualen Abbauraten nach 100 Tagen Wachstum mit 0,1 % Gummi als einziger Kohlenstoff- und Energiequelle. Die Standardabweichungen beziehen sich auf die Mittelwerte von mindestens fünf Parallelversuchen aus zwei verschiedenen Versuchsansätzen. Die Methodendetails sind in Abschnitt 2.12 beschrieben.

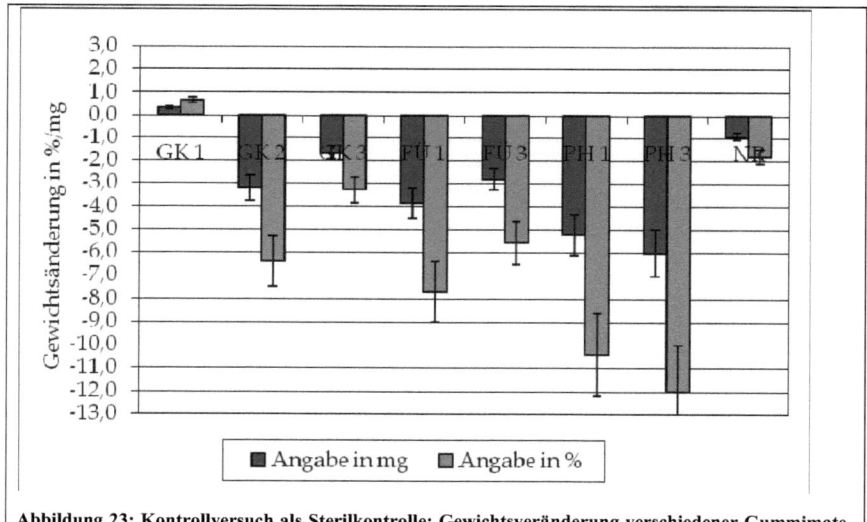

Abbildung 23: Kontrollversuch als Sterilkontrolle: Gewichtsveränderung verschiedener Gummimaterialien bei 28 °C als Schüttelkultur (150 Upm) in 50 mL Gummimedium FB 2004.

3. Ergebnisse

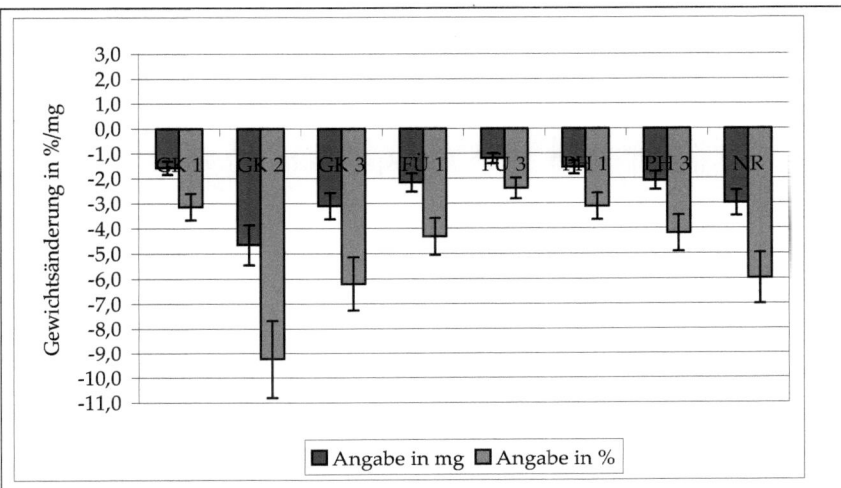

Abbildung 24: Gewichtsveränderung verschiedener Gummimaterialien (einzige Kohlenstoff- und Energiequelle, 50 mg) während des Wachstums mit *Gordonia polyisoprenivorans* bei 28 °C als Schüttelkultur (150 Upm) in 50 mL Gummimedium FB 2004 im direkten Vergleich zum Kontrollversuch (Sterilkontrolle).

Die Ergebnisse der Abbauversuche mit *Gordonia polyisoprenivorans* (Abbildung 24) zeigten, dass das Gewicht aller Testmaterialien im Versuchsverlauf über 100 Tage im Vergleich zur Sterilkontrolle abnahm. Beim Kontrollversuch mit Naturkautschuk als Testmaterial betrug die Gewichtsreduktion 6,0 % bzw. 3,0 mg. Der größte Gewichtsverlust wurde bei dem Material GK 2 mit – 9,2 % (entspricht - 4,7 mg) festgestellt. Dieser Masseverlust war im Vergleich zur Sterilkontrolle im Vorzeichenrangtest nach Wilcoxon statistisch signifikant (p = 0,028). Auch die Gewichtsabnahme im Versuch mit FÜ 1 (-4,2 % oder -2,2 mg) war mit einem p-Wert von 0,043 statistisch signifikant. Für GK 3 wurden Abbauraten von -6,2 % (entspricht -3,1 mg) und bei PH 3 von 4,1 % bzw. 2,1 mg festgestellt, die jedoch nicht statistisch signikant waren. Aufgrund der Schwankungsbreite der Methode ist erfahrungsgemäß eine Gewichtsveränderung von ca. ± 3 % als nicht relevant zu bewerten. Dieses gilt für die Versuche mit FÜ 3 (-2,4 % = -1,2 mg), GK 1 und PH 1 (jeweils -3,1% entspricht -1,6 mg).

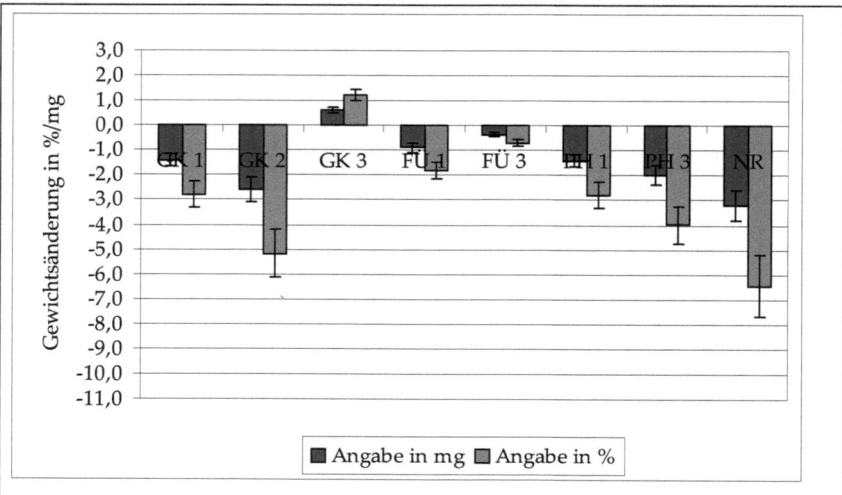

Abbildung 25: Gewichtsveränderung verschiedener Gummimaterialien (einzige Kohlenstoff- und Energiequelle, 50 mg/50 mL = 0,1 %) während des Wachstums mit *Gordonia westfalica* bei 28 °C als Schüttelkultur (150 Upm) in 50 mL Gummimedium FB 2004 über 100 Tage im direkten Vergleich zum Kontrollversuch (Sterilkontrolle).

Auch bei den Abbauversuchen mit dem Testbakterium *Gordonia westfalica* (Abbildung 25) lagen einige Abbauraten im Bereich von ± 3 %: GK 3 + 2,0 %/+ 1,0 mg, FÜ 1 und FÜ 3 -1,8 %/-0,9 mg, GK 1 und PH 1 -2,8 %/-1,4 mg, FÜ 3 -0,7 %/-0,4 mg. Diese Gewichtsveränderungen sind als nicht relevant zu bewerten. Die insgesamt stärkste Gewichtsreduktion ergab sich im Kontrollversuch mit NR (6,4 % bzw. 3,2 mg). Beim Gummimaterial PH 3 ergab sich mit einer Gewichtsreduktion von 4,0 % bzw. 2,0 mg ein deutlicher Trend eines relevanten Abbau durch *Gordonia westfalica*, diese Annahme war jedoch mit einem p-Wert von 0,075 gerade nicht statistisch signifikant. Beim Testmaterial GK 2 wurde die insgesamt größte Masseveränderung mit - 5,2 % (entspricht 2,6 mg) im Vergleich zur Sterilkontrolle diagnostiziert (p = 0,116).

3. Ergebnisse

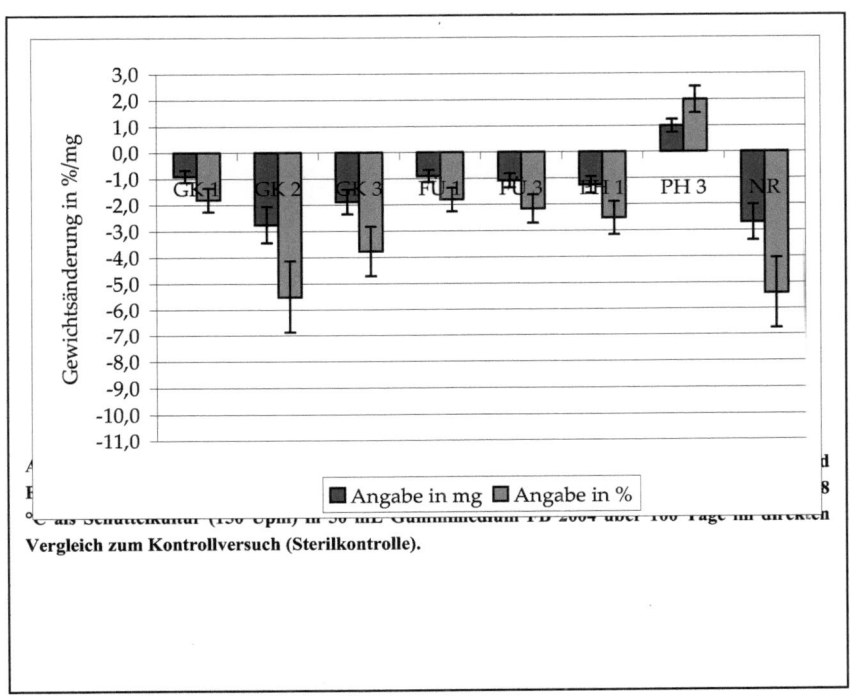

Vergleich zum Kontrollversuch (Sterilkontrolle).

Bei den Abbauversuchen mit *Pseudomonas aeruginosa*, die in Abbildung 26 dargestellt sind, zeigte sich die größte Gewichtsreduktion beim Gummimaterial GK 2 mit 5,5 % oder 2,8 mg. Diese Abnahme war mit einem p-Wert von 0,027 statistisch signifikant. Weiterhin wurde das Material GK 3 mit 3,8 % bzw. 1,9 mg im Gewicht reduziert. Dieser relativ geringe Wert liegt an der Grenze zu einem relevanten Materialabbau (p = 0,249). Beim Kontrollversuch mit NR zeigte *Pseudmonas aeruginosa* eine Gewichtsabnahme von 5,4 % (= -2,7 mg). Keine relevante Gewichsveränderung im Bereich von ± 3 % ergaben die Versuche mit den Testmaterialien PH 3 mit + 2,0 % (+ 1,0 mg), GK 1 und FÜ 1 mit -1,8 % (-0,9 mg), FÜ 3 mit - 2,2 % (-1,1 mg) sowie PH 1 mit einer Gewichtsabnahme von 2,5 % (-1,3 mg).

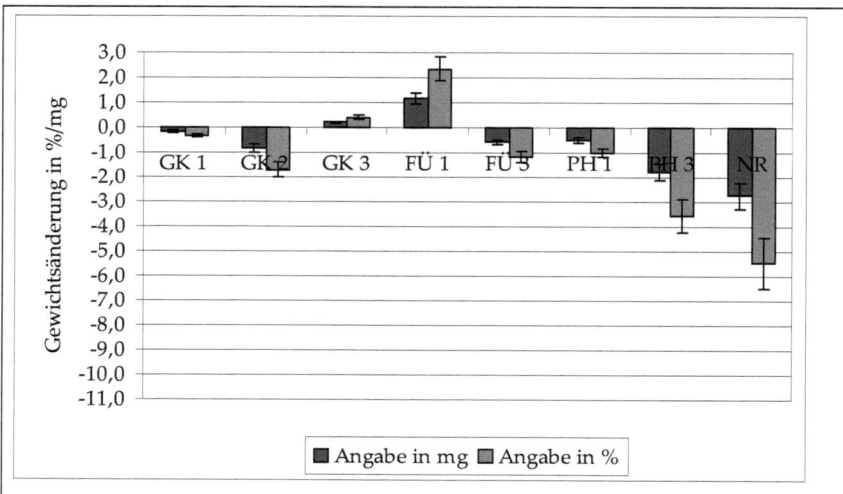

Abbildung 27: Gewichtsveränderung verschiedener Gummimaterialien (einzige Kohlenstoff- und Energiequelle, 50 mg/50 mL = 0,1 %) während des Wachstums mit *Staphylococcus aureus* bei 28 °C als Schüttelkultur (150 Upm) in 50 mL Gummimedium FB 2004 über 100 Tage im direkten Vergleich zum Kontrollversuch (Sterilkontrolle).

Wie erwartet zeigten die Resultate der Abbauversuche mit dem Kontrollbakterium *Staphylococcus aureus* bei keinem der Testmaterialien einen relevanten oder signifikanten Abbau (Abbildung 27) von ± 3 % (FÜ 1: + 2,4 %, GK 3: + 0,4 %, GK 1: - 0,3 %, PH 1: - 1,0 %, FÜ 3: - 1,2 %, GK 2: - 1,7 %). Die stärkste Gewichtsabnahme wurde beim Testmaterial PH 3 mit einem Gewichtsverlust von 3,6 % (entspricht 1,8 mg) gemessen. Diese Gewichtsreduktion war statistisch nicht signifikant (p = 0,116). Sie lag nur geringfügig über der Grenze einer relevanten Gewichtsveränderung von ± 3 %. Der Kontrollversuch mit Naturkautschuk ergab eine Gewichtsabnahme von – 5,5 % oder – 2,7 mg.

Die Versuchsergebnisse zum Gummiabbau von *Streptomyces halstedii* sind in Abbildung 28 zusammengefasst. Im Kontrollversuch mit Naturkautschuk als einziger Energie- und Kohlenstoffquelle ergab sich eine Gewichtsreduktion von 9,2 % (entspricht 4,6 mg). Geringe Gewichtsdifferenzen im Bereich von ± 3 % ergaben sich bei den Gummiproben FÜ 1: - 0,9 % (= - 0,4 mg), PH 3: - 1,4 % (= - 0,7 mg), GK 1: - 1,6 % (= - 0,8 mg), FÜ 3: 2,0 % (= 1,0 mg) und GK 2: - 2,3 % (= - 1,1 mg). Relevante Massereduktionen zeigte *Streptomyces halstedii* in den Versuchen mit den Materialien GK 3 mit - 6,2 % oder - 3,1 mg und PH 1 mit - 4,4 % bzw. - 2,2 mg; jedoch waren beide Gewichtsabnahmen statistisch nicht signifikant (GK 3: p = 0,115, PH 1: p = 0,686).

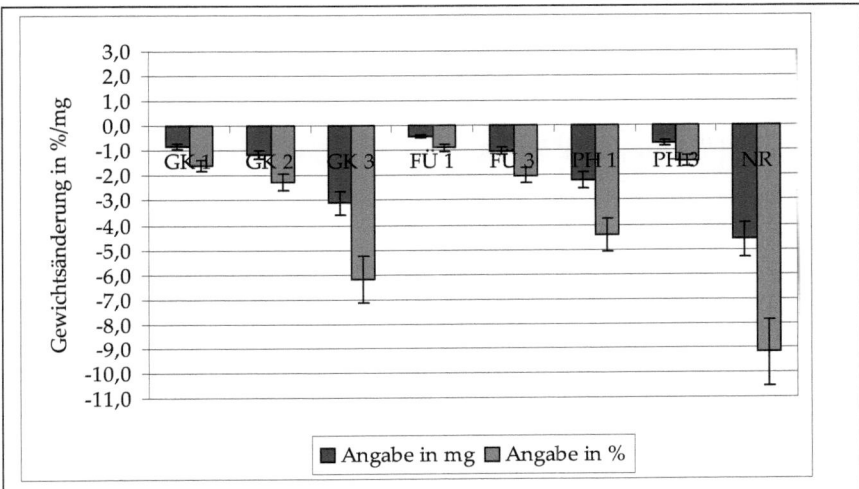

Abbildung 28: Gewichtsveränderung verschiedener Gummimaterialien (einzige Kohlenstoff- und Energiequelle, 50 mg/50 mL = 0,1 %) während des Wachstums mit *Streptomyces halstedii* bei 28 °C als Schüttelkultur (150 Upm) in 50 mL Gummimedium FB 2004 über 100 Tage im direkten Vergleich zum Kontrollversuch (Sterilkontrolle).

Ein statistisch signifikanter Abbau ergab sich dagegen beim Abbauversuch mit dem Testschimmelpilz *Aspergillus tamarii* und dem Material GK 1 mit einem p-Wert von 0,046. Das Gewicht des Materials wurde um - 4,4 % oder - 2,2 mg reduziert (Abbildung 29). Im Kontrollversuch wurde eine Massereduktion von - 4,6 % (entspricht - 2,3 mg) für das Material Naturkautschuk nachgewiesen. Als nicht relevant wurden Gewichtsdifferenzen von ± 3 % bewertet. In diesem Bereich lagen die Resultate der Abbauversuche von *Aspergillus tamarii* mit FÜ 3: + 2,4 % (= + 1,2 mg), PH 3: 1,3 % (= + 0,6 mg), PH 1: + 0,4 % (= + 0,2 mg), FÜ 1: - 0,1 % (= - 0,1 mg), GK 2: - 1,3 % (= – 0,7 mg) und GK 3 mit - 2,6 % (= - 1,3 mg).

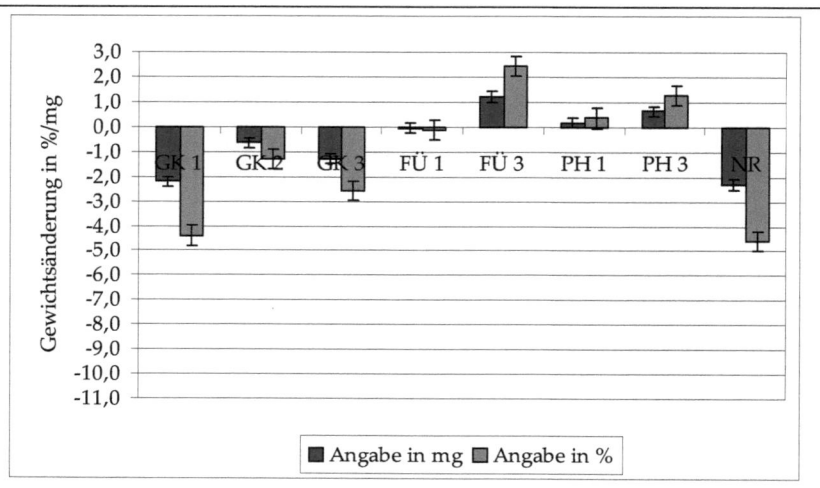

Abbildung 29: Gewichtsveränderung verschiedener Gummimaterialien (einzige Kohlenstoff- und Energiequelle, 50 mg/50 mL = 0,1 %) während des Wachstums mit *Aspergillus tamarii* bei 28 °C als Schüttelkultur (150 Upm) in 50 mL Gummimedium FB 2004 über 100 Tage im direkten Vergleich zum Kontrollversuch (Sterilkontrolle).

3.9 Isolierungsversuche

In allen Versuchen wurden hauptsächlich Bakterien z. B. *Gordonia polyisoprenivorans* und *Gordonia westfalica* eingesetzt, die in der Literatur bereits als Gummiabbauer beschrieben worden sind. Es wurde zusätzlich versucht, aus Trinkwasser bisher unbekannte Organismen zu isolieren, die mit Gummi als einziger Energie- und Kohlenstoffquelle wachsen können. Die Versuchsanordnung ist dem Kapitel 2.13 dieser Arbeit zu entnehmen.

Im Rahmen der Isolierungsversuche wurde ein Mikroorganismus isoliert, der auf Gummi (Testmaterial GK 2 in Gummimedium FB 2004) als einziger Energie- und Kohlenstoffquelle gewachsen ist (Standkultur). Die 16S rRNA Sequenz (Primersatz 356F, 907F und R, 1492R also 1200 bp von 1600 bp) des untersuchten Stammes zeigte eine Similarität von 100 % zu *Roseomonas mucosa* (Stamm MDA5527, NCBI = National Center for Biotechnology Information AF538712, Han et al. 2003). Dieser Stamm differiert auf dem untersuchten rRNA-Gen nur in einem Basenpaar im Vergleich zu *Roseomonas gilardii*. Da dieser Stamm humanpathogen (Risikogruppe 2) ist, wurden keine weiteren Untersuchungen zur Verwertung von Gummi durchgeführt.

4. Diskussion

In der vorliegenden Arbeit wurde die mikrobielle Besiedlung sowie Materialzerstörung von Gummimaterialien in wasserführenden Systemen wie Trink- und Abwassertransportleitungen untersucht. Gummimaterialien werden in diesem Bereich für die Herstellung von Dichtungen eingesetzt, die entscheidend für die Dichtigkeit der Leitungssysteme sind. Es wurden verschiedene praxisnahe Laborversuche entwickelt und durchgeführt. Testprodukte waren Gummimaterialien dreier Industrieunternehmen, die für die Herstellung von Dichtungen für Trink- und Abwassertransportsysteme eingesetzt werden. Da praxisnahe Materialien eingesetzt werden sollten, wurde in Kauf genommen, dass die Zusammensetzung durch die Firmen aus Geheimhaltungsgründen nicht offenbart wurde. Nachfolgend werden die erarbeiteten Resultate zur mikrobiellen Besiedlung, zum mikrobiellen Wachstum und zur mikrobiellen Materialzerstörung der Gummimaterialien im Zusammenhang mit der Fachliteratur bewertet und eingeordnet.

4.1 Mikrobielle Besiedlung synthetischen Gummis

Mikroorganismen können an unterschiedliche Gummimaterialien anheften und als Biofilme in Trinkwassersystemen hygienische Probleme hervorrufen (Colbourne et al. 1984, Flemming 2002, Kilb et Lange 2003, Kilb et al 2003). Beispielsweise konnte die Besiedlung von Gummimaterialien mit *Legionella pneumophila* in Trinkwasserinstallationen nachgewiesen werden (Schoenen et al. 1988, Schofield et Locci 1985). Colbourne et al. (1984) konnten zeigen, dass Infektionen mit *Legionella pneumophila* durch eine Kontamination des Trinkwassersystems in einem Krankenhauses hervorgerufen wurden. *Legionella pneumophila* löst die so genannte Legionellose oder Legionärskrankheit aus, bei der sich als Hauptsymptom eine schwere Lungenentzündung manifestiert, die insbesondere für immunsupprimierte Patienten lebensbedrohlich sein kann (Hambleton et al. 1983). In einem Trinkwassertransportsystem in Deutschland wurde eine wiederkehrende kontinuierliche Kontamination des Wassers mit Fäkalkeimen festgestellt, die durch Desinfektions- und Spülmaßnahmen nicht beseitigt werden konnte. Die Untersuchungen ergaben, dass der Grund für die Re-Kontamination des Trinkwassers eine Gummidichtung in einem Absperrschieber bzw. eines Reglerventiles war. Durch Austausch der Dichtungen wurde das Problem gelöst (Kilb et Lange 2003, Kilb et al. 2003). Außerdem wurde gezeigt, dass nicht-Klärhof-bildende Bakterien wie *Gordonia polyisoprenivorans* an NR bzw. synthetisches Poly(*cis*-1,4-isopren) angeheftet sein müssen, damit sie das Material verwerten können (Rose et Steinbüchel 2005, Tsuchii et Takeda 2006). Die Besiedlung der Materialien ist folglich eine entscheidende Voraussetzung für einen möglichen Abbau. In dieser Arbeit wurde nachgewiesen, dass Zellen von *Gordonia polyisoprenivorans* quantitativ mit einer

4. Diskussion

Rate von bis zu 70 % an praxisrelevante synthetische, vulkanisierte Gummimaterialien anheften. Die Anheftungsrate an Schwefel vernetztes EPDM (PH 3) war mit ca. 30 % am geringsten. Offenbar war die Oberfläche dieses Materials weniger gut für eine Anheftung der Bakterien geeignet als GK 2 (peroxidisch vernetztes EPDM), an welches ca. 70 % der Zellen von *Gordonia polyisoprenivorans* angeheftet haben. Es ist aufgrund dieser Resultate eine bessere Abbaurate des Materials GK 2 zu erwarten als bei PH 3. Beim gewählten Versuchsaufbau in Anlehnung an Harneit et al. (2006) wäre eine Negativkontrolle wünschenswert gewesen, bei dem das Zellwachstum unter den gegebenen Bedingungen ohne Gummizusatz oder mit einem alternativen Zusatz gemessen wird. Da in diesem Fall jedoch auch die Energie- und Kohlenstoffquelle fehlen würde bzw. einen differierenden Einfluss auf die Lebendzellzahlen hätte, ergäben sich keine verwertbaren Daten. Daher ist der gewählte Versuchsaufbau ohne Negativkontrolle vertretbar und es ist davon auszugehen, dass die geringeren Zellzahlen im Überstand im Vergleich zum Startwert daraus resultieren, dass die Bakterien an die Prüfmaterialien anheften (Kapitel 2.7).

Mit dem AFM und dem Fluoreszenzmikroskop konnte die Anheftung der Prüfbakterien an die Testmaterialien visualisiert und damit die Resultate der Anheftungsversuche bestätigt werden (Kapitel 3.4). Es wurde demonstriert, dass *Gordonia westfalica* und *Gordonia polyisoprenivorans* an peroxidisch vulkanisiertes EPDM (GK 2), Schwefel vernetztes SBR (FÜ 1) und Schwefel vernetztes EPDM (PH 3) anheften. Bisher wurden Gummi abbauende Bakterien insbesondere per Rasterelektronenmikroskop dargestellt und nun erstmals mit dem AFM. Der Vorteil der Darstellung mit dem AFM ist, dass die Testorganismen im nativen Zustand in einer Feuchtkammer untersucht werden können, ohne vorher fixiert und/oder gefärbt werden zu müssen. Damit ist das Risiko von Messartefakten gering (Morris et al. 1999). Da die Testbakterien *Gordonia polyisoprenivorans* und *Gordonia westfalica* an synthetisches Gummi anheften konnten, war die Grundvoraussetzung erfüllt, dass ein mikrobieller Abbau dieser nicht-Klärhof-bildenden Bakterien stattfinden kann (Rose et Steinbüchel 2005, Tsuchii et Takeda 2006).

Bei den Agardiffusionstests ergaben sich weitere diskussionswürdige Ergebnisse. PH 2 wies bei einigen Organismen im Agardiffusionstest Hemmhöfe auf, wurde aber teilweise von den identischen Mikroorganismen überwachsen. Die entsprechenden Prüfstämme z. B. *Trichoderma virens* und *Penicillium funiculosum* zeigten einen Hemmhof bei der Auswertung an Tag zwei, die Hemmung war jedoch nicht lang anhaltend genug, so dass sie bis zur Auswertung des Überwuchses an Tag sieben anhielt. Die Organismen wurden also zunächst im Wachstum gehemmt, konnten aber langfristig PH 2 überwachsen. Die als Gummiabbauer in der Literatur beschriebenen Bakterien *Gordonia polyisoprenivorans* und *Gordonia westfalica* zeigten im Agardiffusionstest keine starken Bewuchsraten der Testmaterialien. Die Schimmelpilze *Trichoderma virens*, *Aspergillus ustus*, *Paecilomyces lilacinus*, *Chaetomium globulosum*, *Altanaria altanata* und *Penicillium funicolocum* überwuchsen die Materialien dagegen wesentlich besser als die Testbakterien. Der Grund hierfür ist, dass Schimmelpilze mit Hilfe ihres Mycels das Material überwachsen, ohne Kontakt damit haben zu müssen. Schimmelpilze sind zwar als Gummiabbauer in der Literatur beschrieben (Borel et al. 1982, Kwiatkowska et Zyska 1988, Lugauskas et al. 2004), spielen jedoch in Trinkwassersystemen eher eine untergeordnete Rolle, da sie eine Grenzfläche Substrat/Luft benötigen, um optimal wachsen zu können. Dieses wäre nur in immer teilgefüllten Rohrleitungen der Fall. Diese Rahmenbedingungen sind in Wassertransportleitungen zwar nicht ausgeschlossen, jedoch eher selten. Die meisten Bakterienarten hingegen bilden kein Mycel und sind deshalb im gewählten Versuchsdesign des Agardiffusionstestes benachteiligt, wenn die Überwuchsrate an einer Grenzfläche Material/Luft bestimmt wird. Bakterien benötigen ausreichend Wasser z. B. in einer Trinkwasserleitung, in der eine Grenzfläche Feststoff/Wasser optimale Wachstumsbedingungen bietet. Beim Agardiffusionstest steht eine Grenzfläche Material/Luft zur Verfügung, die für Schimmelpilze die bevorzugten Wachstumsbedingungen liefert, weshalb die Majorität der nachfolgenden Versuche mit Testbakterien durchgeführt worden sind.

Insgesamt zeigten insbesondere die Testmaterialien FÜ 1 (Schwefel vernetztes SBR), PH 1 (Schwefel vernetztes SBR) und PH 3 (Schwefel vernetztes EPDM) im Agardiffusionstest eine starke Hemmwirkung gegenüber fast allen Prüforganismen inklusive *Gordonia westfalica* und *Gordonia polyisoprenivorans*. Diese Materialien waren folglich bakteriostatisch und fungistatisch ausgerüstet (Kapitel 3.2). Es wäre also zu erwarten, dass diese mikrobiostatisch ausgerüsteten Gummimaterialien weder bewachsen noch abgebaut werden können.

4.2 Mikrobielles Wachstum mit synthetischen Gummimaterialien

Es sollte im Folgenden untersucht werden, ob neben der Anheftung an die Testmaterialien diese auch als einzige Energie- und Kohlenstoffquelle trotz einer teilweise antimikrobiellen Ausrüstung dienen können. Die Wachstumsversuche haben nachgewiesen, dass *Gordonia polyisoprenivorans, Gordonia westfalica* und *Pseudomonas aeruginosa* mit sieben verschiedenen synthetischen Gummimaterialien (peroxidisch vernetztes EPDM, Schwefel vernetztes EPDM, Schwefel vernetztes SBR) als einziger Energie- und Kohlenstoffquelle wachsen können und hierbei typische Wachstumsverläufe mit logarithmischer Wachstumsphase, Plateauphase sowie Absterbephase zeigen (Kapitel 3.5). Dagegen konnte der Kontrollorganismus *Staphylococcus aureus* nicht mit den verschiedenen Materialien wachsen. Jedoch zeigte zunächst auch *Staphylococcus aureus* eine leichte Keimzahlerhöhung um ca. eine log-Stufe. Voraussichtlich ergibt sich diese Keimzahlerhöhung durch den Verbrauch von Speicherstoffen, die das Bakterium bei der vorherigen Anzucht auf dem Vollmedium CSA eingelagert hatte. Außerdem wird die als Supplement dem Gummimedium

FB 2004 zugegebene geringe Menge Hefeextrakt, welche auch für *Staphylococcus aureus* verwertbare Nährstoffe enthält, zu der Keimzahlerhöhung beigetragen haben.

Beim Testmaterial GK 2, bei welchem es sich um peroxidisch vernetztes EPDM handelt, ergaben sich ungewöhnliche Wachstumskurven mit *Gordonia polyisoprenivorans* und *Gordonia westfalica* ohne klassische exponentielle Wachstumsphase. Die Keimzahlen sanken bis Versuchstag vier bei *Gordonia westfalica* und Tag sieben bei *Gordonia polyisoprenivorans*. Offenbar benötigten beiden Prüfbakterien eine längere Adaptionsphase an das Material als bei den anderen Testmaterialien. Dafür waren die Kulturen am Versuchsende nach sechs Wochen noch nicht in der Absterbephase. Beim Wachstum der beiden Bakterienstämme mit den anderen Testmaterialien waren die Kulturen an Tag 42 dagegen jeweils bereits in der Absterbephase. Es ist damit wahrscheinlich, dass nach Tag 42 eine weitere Keimzahlerhöhung beim Wachstum mit dem Testmaterial GK 2 stattgefunden hätte. Eine weitere Besonderheit des Materials GK 2 war, dass es im Agardiffusionstest am besten überwachsen wurde und keine mikrobiostatische Wirkung festgestellt werden konnte. Eine antimikrobielle Ausrüstung hat das Wachstum in den ersten Tagen der Wachstumsversuche folglich nicht gehemmt. Eine wahrscheinliche Erklärung für die ungewöhnliche Wachstumskurve könnte eine starke Anheftung der Bakterien an GK 2 sein. Eine starke Anheftung hätte dazu geführt, dass die Keimzahlen im Überstand relativ geringer sind als bei den anderen Materialien. In den Anheftungsversuchen sowie mittels AFM konnte gezeigt werden, dass die Testbakterien tatsächlich stark an GK 2 anheften, so dass diese Erklärung plausibel ist (Kapitel 3.3 und 3.4). Der einzige weitere auffällige Unterschied ist, dass GK 2 das einzige peroxidisch verknüpfte Material in den Tests war. Die Vermutung liegt nahe, dass dies entscheidenden Einfluss auf die Ergebnisse hatte.

Die Wachstumskurven von *Pseudomonas aeruginosa* unterschieden sich von denen der beiden *Gordonia*-Stämme. Insbesondere war eine Absterbephase nicht erkennbar. Für *Pseudomonas aeruginosa* ist bekannt, dass dieses Bakterium in wässrigen Medien lange, auch ohne verfügbare Nährstoffe, überleben kann (Brill 2002). *Pseudomoas aeruginosa* kommt damit als potenzieller Gummiabbauer in Frage. Es ist bekannt, dass dieser Organismus in der Lage ist, komplexe Substrate zu verwerten (Pankhurst et al. 1972, Linos et al. 2000 b). Außerdem hat *Pseudomonas aeruginosa* im Vergleich zu den beiden *Gordonia*-Stämmen eine sehr kurze Generationszeit. Dies ist der Grund, warum die maximale Keimzahl bereits nach vier Tagen und bei den *Gordonia*-Stämmen jedoch erst nach sieben Tagen erreicht wurde.

Interessant ist im Zusammenhang mit den Wachstumsversuchen, dass die mikrobiostatische Ausrüstung der Testmaterialien das Wachstum der Testbakterien nicht messbar beeinflusst hat (Kapitel 3.2). Auf den ersten Blick widersprechen sich diese Resultate. Der Widerspruch lässt sich damit aufklären, dass die unbekannten zugesetzten Biozide offenbar wie üblich über die Wasserphase ihre Wirksamkeit entfalten (Kramer et Assadian 2008). Dies erklärt ihre Wirkung im Agardiffusionstest, bei dem die Biozide in den Agar diffundieren müssen, um eine mikrobiostatische Wirksamkeit zu zeigen. In einer Suspension oder auch einer Wassertransportleitung werden die Biozide unter diesen Voraussetzungen ausgewaschen und so dem Material entzogen. Nachdem die Wirkstoffe ausgewaschen sind, werden sie schnell mit dem vorhandenen, umgebenden Medium unter die minimale Hemmkonzentration (MHK) verdünnt. Damit werden sie im praktischen Einsatz unwirksam, wohingegen die Konservierung für eine stabile Lagerung der Materialien bis zu Verarbeitung sinnvoll ist (Brill et Brill 2008). Voraussichtlich ist dieses bei den Wachstumsversuchen eingetreten, die in einer bewegten Suspension durchgeführt worden sind (Kapitel 2.9). Da das Versuchsdesign in den ersten Stunden nach Start der Wachstumsversuche keine Probenahme vorsah, konnte eine Keimzahlreduktion durch eine bakteriostatische Wirkung in dieser Phase nicht detektiert werden.

Mit der DGGE-Technik wurden die Resultate der physiologischen Wachstumsversuche molekularbiologisch bestätigt. Das Wachstum der Testbakterien *Gordonia polyisoprenivorans*, *Gordonia westfalica*, *Pseudomonas aeruginosa* und *Staphylococcus aureus* wurde auf GK 2 (EPDM, peroxidisch vernetzt) sowie Glukose als einziger Energie- und Kohlenstoffquelle in einer Konkurrenzsituation mittels der DGGE untersucht. Es konnte die Entwicklung dieses Bakterienkonsortiums mittels DGGE dargestellt werden (Kapitel 3.6). In der Mischkultur haben sich über die Versuchsdauer wie bei den Wachstumsversuchen *Gordonia polyisoprenivorans*, *Gordonia westfalica* und *Pseudomonas aeruginosa* durchgesetzt. Insbesondere die Banden der beiden *Gordonia*-Stämme waren über die gesamte Versuchsdauer sichtbar und sogar am Ende stärker als zu Beginn der Versuche. Der Kontrollstamm *Staphylococcus aureus* zeigte an Versuchstag Null jeweils eine relativ intensive Bande. Der Grund hierfür war voraussichtlich eine im Vergleich zu den anderen Bakterien höhere Zellzahl oder eine höhere Ausbeute bei der DNA-Extraktion. Die Banden werden jedoch bei beiden dargestellten Gelen über den Versuchszeitraum deutlich schwächer, als sie bei Versuchsbeginn waren. Dies korreliert mit den physiologischen Wachstumsversuchen, bei denen die Keimzahlen von *Staphylococcus aureus* ebenfalls im Versuchsablauf stark abgenommen haben.

Damit konnte erstmals eine DGGE-basierte Kulturkontrolle Gummi abbauender Bakterienkonsortien etabliert werden. Die Sichtbarkeit der Banden korreliert mit der Fähigkeit der Bakterien, unter den gegebenen Wachstumsbedingungen zu überleben. Die Resultate demonstrieren, dass *Gordonia polyisoprenivorans*, *Gordonia westfalica* und *Pseudomonas aeruginosa* mit synthetischem Gummi als einziger Energie- und Kohlenstoffquelle wachsen können. Die Resultate zeigen außerdem, dass die DGGE-Technik geeignet ist, die Populationsdynamik einer Bakterien-Mischkultur während des Wachstums mit Gummi bzw. Glukose als einziger Energie- und Kohlenstoffquelle zu untersuchen. Im Vergleich zu physiologischen Versuchen ergeben sich folgende Vorteile. Es kann durch die Geschwindigkeit des molekularbiologischen Verfahrens bereits am Tag der Probenahme eine Aussage zur Populationszusammensetzung gemacht und damit z. B. bei biotechnologischen Prozessen umgehend auf etwaige Abweichungen durch Prozessoptimierungen reagiert werden. Es konnte gezeigt werden, dass die Geschwindigkeitsvorteile der DGGE in der medizinischen Diagnostik z. B. beim Erregernachweis Katheter-assoziierter Kolonisationen nutzbringend ist (Larsen et al. 2008). Weiterhin können gleichzeitig mögliche Kreuzkontaminanten festgestellt und bei Bedarf durch Extraktion der DNA-Banden und Sequenzierung der 16S rDNA identifiziert werden. Insbesondere für auf Kulturplatten langsam wachsende erwünschte und unerwünschte Stämme kann so ein unter Umständen entscheidender Zeitvorteil erreicht werden. Außerdem könnten auch durch die mikrobiologischen Standardverfahren nicht kultivierbare Mikroorganismen nachgewiesen werden, so dass eine höhere Prozesssicherheit entsteht und in Umweltproben die vorhandene Biozönose detaillierter als mit bisherigen Kultivierungstechniken charakterisiert werden kann (Muyzer und Ramsing 1995, Muyzer 1999).

Das Prozessverständnis des Gummiabbaus kann mittels Simulationsversuchen unter verschiedenen Kulturbedingungen und unter Einbeziehung unterschiedlicher Mikroorganismen auch in Konsortien mittels des DGGE-Scrennings erweitert werden. Bei Untersuchungen von Naturproben könnten ergänzend gattungs- oder stoffwechselspezifische Primer in der PCR eingesetzt werden (Geets et al. 2006).

Insgesamt muss bei der Bewertung der Wachstumsversuche, die mit physiologischen und molekularbiologischen Techniken (DGGE) durchgeführt worden sind, in Betracht gezogen werden, dass die praktische Relevanz der Materialien im Mittelpunkt stand. Es wurden absichtlich Materialien ausgewählt, die vulkanisiert sind und in der vorliegenden Form den Stand der Technik für Dichtungsmaterialien in wasserführenden Systemen darstellen. Dieses Faktum führte dazu, dass die Wachstumsraten schlechter waren, als wenn z. B. Naturgummi oder unvulkanisiertes Poly(*cis*-1,4-isopren) eingesetzt worden wäre. Für Untersuchungen der Abbauwege des Gummiabbaues werden üblicherweise die genannten Materialien eingesetzt, welche leichter abbaubar sind als synthetisches Gummi. Die Materialien werden vorab oftmals mit Aceton extrahiert, was die Abbaubarkeit erleichtert (Rose et Steinbüchel 2005, Tsuchii et Takeda 2006). Da in der vorliegenden Arbeit jedoch die Praxisrelevanz und der Nachweis der Abbaubarkeit von synthetischem Gummi im Vordergrund stand, musste ein geringeres Wachstum und damit längere Versuchszeiträume in Kauf genommen werden. Ein weiterer Nachteil des Einsatzes von Praxismaterialien war, dass die liefernden Gummifirmen, die genaue Rezepturzusammensetzung aus Geheimhaltungsgründen nicht genannt haben. Natürlich ist es durch diese Tatsache schwieriger, die Resultate zu bewerten, als wenn die Rezepturen offen gelegt worden wären. Die wichtigsten Eigenschaften der Materialien wie Grundpolymerart, Härte und Vulkanisationsart wurden jedoch genannt. Bei mikrobiologischen Untersuchungen ist das Prozessverständnis der Zellanheftung und die Oberflächenstruktur der untersuchten Materialien für die Biofilmenbildung entscheidend. Im Rahmen dieser Arbeit wurden daher die Oberflächenstruktur und der entsprechende mikrobielle Bewuchs mittels AFM umfassend charakterisiert. Außerdem hat eine antimikrobielle Ausrüstung der Materialien einen großen Einfluss auf z. B. Wachstums- und Abbauversuche. Daher wurde diese Materialeigenschaft mittels Agardiffusionstests in Anlehnung an DIN 58940 (1999) überprüft. Mit diesem Datenmaterial (Polymer, Vulkanisation, Härte, Oberflächenstruktur, antimikrobielle Eigenschaften) scheint es möglich, die Resultate zu bewerten und Schlussfolgerungen für die Praxis zu ziehen. Für die Anheftungs-, Wachstums- und Abbauversuche wurden die Gummimaterialien pulverisiert (Kapitel 2.1). Die Bestimmung der Oberfläche der Testmaterialien zeigte, dass durch die Pulverisierung eine um den Faktor 58 bis 887 größere Oberfläche zur Verfügung steht als bei dem nicht pulversisiertem Material. Damit stand eine deutlich vergrößerte Angriffsfläche für die mikrobielle Besiedlung und Materialzerstörung zur Verfügung (Kapitel 3.1). Auf der anderen Seite steht damit keine realistische Oberflächenstruktur für eine Biofilmbildung wie in Wassertransportleitungen zur Verfügung und eine erhöhte Auslaugung des Materials ist zu erwarten. Wichtig dabei ist zu beachten, dass NR nicht wie SR durch das beschriebene Verfahren pulverisiert werden konnte. NR musste daher mit einem Skalpell zerschnitten werden. Dieses führte zu einem Testmaterial mit einer wesentlich größeren Korngröße von 1000 – 2000 µm und damit einer wesentlich geringeren Oberfläche. Die meisten anderen Testmaterialien hatten dagegen eine Korngröße von 100 – 200 µm bzw. 200 – 500 µm.

Wenn Mikroorganismen mit synthetischem Gummi wachsen, ist zu erwarten, dass sie ebenfalls ihren Stoffwechsel an die entsprechenden Bedingungen anpassen. Für das Wachstum auf NR ist dies bereits für z. B. *Gordonia*-Spezies bekannt (Rose et Steinbüchel 2005, Tsuchii et Takeda 2006). Für *Gordonia polyisoprenivorans* sollte die Anpassung des Stoffwechsels im Rahmen dieser Arbeit mit der Aufnahme von Fettsäurespektren nachgewiesen werden. Das Fettsäurespektrum ist abhängig von den Lebensbedingungen der untersuchten Mikroorganismen und somit ein indirekter Hinweis auf die Anpassung des Stoffwechsels. Wenn sich das Fettsäurespektrum nach Wachstum auf verschiedenen Medien unterscheidet, ist davon auszugehen, dass sich der Stoffwechsel der Organismen entsprechend angepasst hat (Thiel et al. 1999). Erstmals wurden Fettsäurespektren von Gummi abbauenden Bakterien aufgenommen, die mit Gummi als einziger Energie- und Kohlenstoffquelle angezüchtet worden sind. Diese unterschieden sich signifikant von Fettsäurespektren, die von Bakterienkulturen aufgenommen wurden, die mit der leicht verfügbaren Kohlenstoff- und Energiequelle Glukose gewachsen waren (Kapitel 3.6). Das Fettsäurespektrum nach dem Wachstum auf Glukose stimmt weitgehend mit den von Linos et al. (1999) ermittelten Daten überein, die *Gordonia polyisoprenivorans* auf einem Vollmedium angezüchtet hatten. Lediglich ein erhöhter Anteil von Ölsäure wurde damals ermittelt. Die

Resultate zeigen, dass sich die Mikroorganismen an die Anforderungen des Abbaus von synthetischen Gummis adaptieren. Es ist anzunehmen, dass ähnlich wie beim Abbau von NR nachgewiesen, spezielle Enzyme sezerniert werden (Rose et Steinbüchel 2005, Tsuchii et Takeda 2006, Bröker et al. 2008, Arenskötter et al. 2008).

Da die untersuchten Teststämme wie *Gordonia polyisoprenivorans* und *Gordonia westfalica* an die untersuchten Gummimaterialien anheften, mit ihnen als einziger Energie- und Kohlenstoffquelle wachsen können und ihren Stoffwechsel an die Anforderungen des speziellen Substrates anpassen, liegt die Vermutung nahe, dass synthetischer Gummi von diesen Organismen abgebaut werden kann.

4.3 Mikrobielle Materialzerstörung synthetischen Gummis

In dieser Arbeit wurde erstmals nachgewiesen, dass praxisrelevante, vulkanisierte, synthetische Gummimaterialien mikrobiell abgebaut werden können. Es wurden Gewichtsreduktionen innerhalb von drei Monaten von bis zu zehn Prozent gemessen. Ein statistisch signifikanter Gewichtsverlust wurde für *Gordonia polyisopenivorans* gegenüber GK 2 (peroxidisch vernetztes EPDM) und FÜ 1 (Schwefel vernetztes SBR), für *Pseudomonas aeruginosa* gegenüber GK 2 und für *Aspergillus tamarii* gegenüber GK 1 (Schwefel vernetztes EPDM) nachgewiesen. GK 2 zeigte bereits in den Anheftungsversuchen die stärkste Anheftungsrate durch *Gordonia polyisoprenivorans*, so dass diese beiden Resultate plausibel zusammen passen. Die erfüllten Grundvoraussetzungen Anheftung und Wachstum für mikrobielle Materialzerstörung haben in einigen Fällen zu einen Gewichtsverlust durch mikrobiellen Abbau geführt. Es kann davon ausgegangen werden, dass diese Gewichtsreduktionen eine Materialzerstörung des Gummis anzeigt. Die Abbauraten waren organismen- und materialabhängig sehr unterschiedlich. Die Ergebnisse bestätigen, dass Bakterien aus der Familie der Actinomyceten wie *Gordonia polyisoprenivorans* zum Abbau von Gummimaterialien in der Lage sind, aber auch andere Testorganismen konnten Testmaterialien abbauen. Die besten Abbauraten zeigten sich bei GK 2 (peroxidisch vernetztes EPDM). Sie waren teilweise höher als bei NR; daraus lässt sich folgern, dass dieses Material am wenigsten für den Einsatz in Wassertransportleitungen geeignet ist. Das relativ schwache Wachstum der Testbakterien *Gordonia westfalica* und *Gordonia polyisoprenivorans* mit diesem Material haben nicht zu einem schwächeren Abbau des Materials geführt. Dies spricht ebenfalls für eine starke Anheftung der Bakterien an das Material, da nur bei Kontakt ein guter Abbau zu erwarten ist. Außerdem ist zu beachten, dass die Pulver-Korngröße von NR mit 1000 – 2000 µm wesentlich größer war als bei SR mit 100 – 200 µm bzw. 200 – 500 µm. Je größer die Körnung eines Materials ist, desto geringer ist die zur Verfügung stehende Oberfläche und damit Angriffsfläche. Bei geringerer Angriffsfläche ist eine relativ niedrigere Abbaurate als bei einer größeren Abbaufläche zu erwarten. Trotzdem wird

NR innerhalb von 100 Tagen gut mit einer Rate zwischen fünf und zehn Prozent von den Prüforganismen abgebaut. Die eingesetzten Prüforganismen wurden nicht zunächst an das Wachstum auf Gummi adaptiert. Es sollte gezeigt werden, welches Abbaupotential unangepasste Organismen aufweisen. Mit an die Materialien angepassten Mikroorganismen wären höhere Abbauraten zu erwarten als bei nicht angepassen Testorganismen.

Ein interessantes Resultat ist in diesem Zusammenhang, dass der Kontrollstamm *Staphylococcus aureus* zwar die synthetischen Gummis nicht abbauen kann, jedoch NR mit einer Rate von über fünf Prozent durch diesem Stamm abgebaut wird. Dies war nicht zu erwarten, da bisher davon ausgegangen wird, dass der Abbau von NR eine Eigenschaft von spezialisierten Mikroorganismen ist (Jendrossek et al. 1997). Die vorliegenden Daten zeigen, dass neben *Staphylococcus aureus* und den bekannten Gummi abbauenden gram-positiven Bakterien *Gordonia westfalica* und *Gordonia polyisoprenivorans* auch das gram-negative Bakterium *Pseudomonas aeruginosa*, *Streptomyces halstedii* und der Schimmelpilz *Aspergillus tamarii* NR abbauen kann. Die Analyse der aktuellen Literaturdaten belegt, dass viele weitere Mikroorganismen in der Lage sind, NR abzubauen. Von einem zerstörten Dichtungsring aus NR aus einem Wasserwerk konnten zwei *Streptomyces*-Stämme isoliert werden (Rook 1955). Cundell et Mulcock erarbeiteten umfangreiche Daten, die zeigen, dass Dichtungsringe in Wassertransportleitungen aus vulkanisiertem Naturkautschuk durch *Streptomyces*-Stämme mikrobiell zerstört werden (Cundell et al. 1973, Cundell et Mulcock 1972, 1973 a, 1973b, 1975a, 1975b, 1976). Es wurde beobachtet, dass Actinomyceten wie *Gordonia polyisoprenivorans*, *Gordonia westfalica* sowie *Nocardia*- und *Streptomyces*-Stämme NR zerstören können (Nette 1959, Tsuchii et al. 1985, Hanstveit et al. 1988, Hagerop et Aben 1991, Linos et Steinbüchel 1996, 1998, Linos et al. 1999, Linos et al. 2000 a, Arenskötter et al. 2001, Linos et al. 2002, Rose et Steinbüchel 2005, Ibrahim et al. 2006, Yikmis et al. 2008, Arenskötter et al. 2008). Weitere Autoren konnten nachweisen, dass *Amycolatopsis*-, *Nocardia*-, *Streptomyces*-Stämme z. B. *Streptomyces halstedii*, *Streptomyces coelicolor* sowie *Achromobacter*-, *Bacillus*-Stämme, *Xanthomonas spec.*, *Pseudomonas spec.* und *Pseudomonas citronellolis* NR und synthetisches Poly(*cis*-1,4-isopren) abbauen können (Tsuchii et Takeda 1990, Heisey et Papadatos 1995, Bode et al. 2000, 2001, Braaz 2005, Braaz et al. 2005, Berekaa et al. 2005, Berekaa et al. 2006, Braaz et al. 2006, Roy et al. 2006 a und b, Cherian et Jayachandran 2009). Die mikrobielle Veränderung von Isoliermaterial aus NR durch verschiedene bodenbürtige Schimmelpilze wurde gezeigt (Blake et Kitchin 1949, Blake et al. 1950, 1953, 1955, Petzold et Efer 1987). Die Fähigkeit von Schimmelpilzen wie *Aspergillus flavus*, *Aspergillus ustus*, *Paecilomyces lilacinus*, *Fusarium solari*, *Fungi imperfecti*, *Trichoderma viridae*, *Auredobasidium pullulans*, *Ceriporiopsis subvermispora* und Sprosspilzen wie *Candida utilis*, NR zu verwerten, konnte ebenfalls nachgewiesen werden (Nickerson et Faber 1975, Faber et Nickerson 1979, Kwiatkowska 1980, Borel et al. 1982, Kwiatkowska et Zyska 1988, Sato et al. 2001, 2003,

2004, Lugauskas et al. 2004). Auch das thermophile Archaeon *Pyrococcus furiosus* konnte NR durch anaerobe Desulfurikation abbauen (Bredberg et al. 2001).

Die Daten zeigen, dass gram-positive und gram-negative Bakterien, Schimmelpilze sowie Archaea in der Lage sind, NR zu zerstören. Dies lässt die Frage zu, ob viele oder sogar alle chemoorganotrophen Mikroorganismen NR abbauen können und dieses keine spezielle Eigenschaft bestimmter Mikroorganismen ist. Es ist denkbar, dass die Selektion der Mikroorganismen eher mit dem Vorkommen der Organismen in den entsprechenden Habitaten und damit mit der Wahrscheinlichkeit des direkten Kontaktes von Mikroorganismus und Material als mit der Fähigkeit zum Gummiabbau zusammen hängt. Es wären dann insbesondere Bodenbewohner wie Schimmelpilze, *Streptomyceten*, *Actinomyceten* sowie Wasserkeime wie *Pseudomonaden* und *Xantomonaden* als Gummiabbauer zu erwarten. Dies entspricht weitgehend dem Mikroorganismenprofil, welches oben dargestellt wurde. Um diese Hypothese zu bestätigen oder zu widerlegen, wären weitere Untersuchungen notwendig.

In dieser Arbeit wurden die Abbauwege von synthetischem Gummi nicht untersucht. Es ist jedoch wahrscheinlich, dass die Abbauwege durch nicht-Klärhof-bildende Bakterien vergleichbar denen von NR sind und eine Endospaltung des Polymergerüsts der erste Abbauschritt ist (Rose et Steinbüchel 2005). Diese Spaltung wird aller Voraussicht nach durch Exoenzyme katalysiert (Arenskötter et al. 2008).

Der relativ geringe nachgewiesene mikrobielle Abbau synthetischen Kautschuks mit einer Rate von bis zu zehn Prozent innerhalb von ca. drei Monaten hat eine große praktische Relevanz. Da Wassertransportleistungen über Jahrzehnte in Funktion bleiben sollen, ist Zeit kein limitierender Faktor für mikrobielle Einflüsse. Natürlich ist der Zeitfaktor bei wissenschaftlichen Untersuchungen entscheidend, so dass beim Versuchsdesign kürzere Untersuchungszeiträume in Kauf genommen werden müssen als es für die Praxis notwendig wäre. Falls die mikrobiellen Abbauraten von fünf bis zehn Prozenten der ersten drei Monate hochgerechnet werden könnten, wäre eine komplette Assimilation der Materialien innerhalb von 30 bis 60 Monaten möglich. Wahrscheinlich ist der Zeitraum in der Praxis, bis zu dem schwere Schäden an synthetischen Gummidichtungen zu beobachten sind, jedoch deutlich länger, da die Wachstumsbedingungen der Mikroorganismen in der Praxis im Gegensatz zu Laborversuchen nicht optimal sind. Es wird geschätzt, dass Schäden an Dichtungen aus synthetischem Gummi nach einem Zeitraum von zehn bis 20 Jahren mit dem bloßen Auge sichtbar sind. Bisher lag der Forschungsfokus auf der Beständigkeit der Rohrleitungen z. B. aus Beton (Sand 1987, Sand et Bock 1991) und nicht auf den Dichtungsmaterialien, die die Rohrleitungen und Armaturen verbinden und abdichten sowie eine wichtige Rolle in zentralen Bauteilen wie Pumpstationen und Absperrventilen spielen. Es scheint auf Basis der vorliegenden Daten und der vorhandenen Literatur angezeigt, in

Zukunft auch die Dichtungsmaterialien noch stärker in die Überlegungen und die Forschungsbemühungen einzubeziehen. Die aktuell publizierten Daten zur mikrobiellen Materialzerstörung von synthetischen Gummimaterialien sind limitiert. Jedoch wurde bei mit NBR als Korrosionsschutz ausgekleideten Öltanks festgestellt, dass *Cladosporium resinae*, der aus Kerosin isoliert wurde, diese Auskleidung innerhalb von vier bis sechs Tagen schädigen konnte. Eine fungistatische Ausrüstung konnte diese Schädigung zwar hinauszögern jedoch nicht verhindern (Hazzard et Kuster 1965). NBR-Oberflächenveränderungen durch Schimmelpilze wie *Aspergillus niger*, *Trichoderma viridae* und *Aureobasidium pullulans* wurden nachgewiesen (Lugauskas et al. 2004). Dubok et al. (1971) stuften EPDM als nicht resistent gegenüber dem Befall mit Schimmelpilzen ein. SBR und Butyl-Gummi zeigten sich im Einsatz als Kabelisolierungen ungenügend resistent gegenüber dem Angriff durch Mikroorganismen und Insekten. Isolierungseigenschaften und Zugfestigkeit waren nach einer Versuchsdauer von einem Jahr nicht mehr ausreichend (Connolly 1972). Produkte, die aus synthetischem Gummi bestanden, förderten das Wachstum von *Aspergillus niger* und *Pseudomonas*-Stämmen z. B. *Pseudomonas aeruginosa* (Pankhurst et al. 1972). Williams (1982) zeigte in Erdeingrabetests deutliche Materialveränderungen an SBR.

Ein weiteres Ziel der vorliegenden Arbeit war die Isolierung von Mikroorganismen aus Trinkwasserleitungen, die Gummi abbauen bzw. ein hygienisches Problem durch Biofilmbildung darstellen können. Durch entsprechende Isolierungsversuche konnte aus einem Medium aus Trinkwasser und Gummi als einziger Energie- und Kohlenstoffquelle *Roseomonas mucosa* isoliert und identifiziert werden. Die gram-negativen, fakultativ humanpathogenen Bakterien der Gattung *Roseomonas* haben einen respiratorischen Stoffwechsel und bilden rosa-farbene, glatte, klar umgrenzte Kolonien auf Vollmedien. Bisher konnte dieses Bakterium insbesondere aus Blut und anderen Körperflüssigkeiten von Patienten isoliert werden (Rihs et al. 1993). *Roseomonas mucosa* MDA 5527 wurde von Han et al. 2003 isoliert, beschrieben und die 16S rDNA in der Datenbank der NCBI hinterlegt. Für *Roseomonas mucosa* und andere Stämme der Gattung *Roseomonas* konnte gezeigt werden, dass sie insbesondere bei immunsupprimierten Patienten z. B. während einer Chemotherapie verschiedene schwere klinische Infektionen wie septische Athritis und Katheter assoziierte Sepsis auslösen können (Rihs et al. 1993, De et al. 2004, Elshibly et al. 2005, Sipsas et al. 2006, Christakis et al. 2006). Bereits Thomas et al. konnten 2006 *Roseomonas*-Stämme im Wasserversorgungssystem eines Krankenhauses nachweisen. Dass ein solches Bakterium aus einer Hausinstallation isoliert werden konnte, zeigt die praktische Hygienerelevanz von Gummimaterialien in wasserführenden Systemen. Es ist wahrscheinlich, dass Gummi ein Risikoherd in Trinkwassertransportsystemen ist.

Ob *Roseomonas mucosa* in der Lage ist, synthetischen Gummi abzubauen, kann nicht beantwortet werden. Jedoch wurde das Bakterium aus einem Medium mit Gummi als einziger Kohlenstoff- und Energiequelle isoliert. Dies deutet darauf hin, dass dieses Bakterium Gummimaterialien verwerten kann (siehe auch Thomas et al. 2006). Die Fähigkeit zum Gummiabbau kann klinische Bedeutung haben, da Gummimaterialien z. B. in Kathetersystemen und Trinkwassertransportleitungen verwendet werden und *Roseomonas mucosa*-Biofilme auf diesen Materialien Infektionserkrankungen befördern könnten (Colbourne et al. 1984, De et al. 2004, Christakis et al. 2006). Um diese Hypothese zu belegen, wären weitere detaillierte Untersuchungen notwendig.

4.4 Schlussfolgerungen

Insgesamt ist auf Basis der vorliegenden Daten zu empfehlen, dass in Trinkwasserleitungen ausschließlich Dichtungen aus Schwefel vernetzten Gummimaterialien verarbeitet werden. Insgesamt ist EPDM zu bevorzugen, aber auch SBR ist für den Einsatz in wasserführenden Systemen geeignet. Beide Materialien sind NR deutlich überlegen. Aus mikrobiologischer Sicht sollte NR nicht mehr in Wassertransportsystemen als Dichtungsmaterial zum Einsatz kommen. Als Modell-organismus zur Untersuchung von Gummiabbau und Biofilmbildung auf Gummi eignet sich *Gordonia polyisoprenivorans* am besten. Die Abbauergebnisse waren am relevantesten und die Handhabung des Stammes war einfach.

Die dargestellten Daten zeigen, dass synthetischer Gummi von Mikroorganismen besiedelt wird und deuten ebenfalls darauf hin, dass verschiedene Mikroorganismen in der Lage sind, unter Anpassung ihres Stoffwechsels auch synthetischen Gummi abzubauen oder die Materialeigenschaften zu verändern. Bis sich eine mikrobielle Materialzerstörung an synthetischen Gummimaterialien in wasserführenden Systemen manifestiert, werden voraussichtlich Jahre bis Jahrzehnte vergehen. Jedoch sollte die Möglichkeit eines mikrobiellen Einflusses bei der Beurteilung von Korrosionsschäden in diesem Bereich in Betracht gezogen werden.

4.5 Ausblick

In dieser Arbeit sind Daten erhoben worden, die zeigen, dass synthetischer Gummi von Mikroorganismen besiedelt wird und wahrscheinlich unter Umstellung des Stoffwechsels der Mikroorganismen abgebaut werden kann. Die Untersuchungen haben neben den diskutierten Ergebnissen weitere Ansatzpunkte zur Erforschung des mikrobiellen Gummiabbaus eröffnet; einige werden nachfolgend diskutiert.

Die DVGW-Methode W 270 ist in Deutschland zur Prüfung der Biofilmbildung auf Materialien etabliert, die für den Einsatz in Trinkwasserinstallationen vorgesehen ist (DVGW 1999, 2007). Das Verfahren in Anlehnung an Leeflang (1963, 1968) mit einem mit Trinkwasser durchströmten Becken hat einen Praxisbezug, den jedoch einige Verfahrensschwächen einschränken. Die Nährstofffracht, Bakterienanzahl und –spezies im Trinkwasser variieren stark, so dass die Resultate schlecht reproduzierbar sein werden. Es sollte standardisiertes Wasser mit definierter Art und Konzentration Biofilm bildender Bakterien z. B. *Pseudomonas aeruginosa* eingesetzt werden. Im Prüfbecken herrschen Strömungsbedingungen, die den Praxisbedingungen nicht entsprechen. Es dürfen mehrere Prüfplatten eingebracht werden, die senkrecht zur Fließrichtung des Wassers angeordnet sind. Die vorgesehene Prüftemperatur von sieben bis 17 °C selektieren bei 17 °C eher mesophile, bei 7 °C jedoch psychrotolerante Organismen. Zur Bewertung des Aufwuchses wären z. B. die Bestimmung des Trockengewichtes, des Proteingehaltes sowie mikrobiologische, molekularbiologische Untersuchungen sinnvoller als der bisherige Paramter Aufwuchsvolumen, der die Morphologie des Biofilms außer Acht lässt. Es scheint angezeigt, das Verfahren W 270 weiterzuentwickeln. Zur weiteren Untersuchung der Biofilmbildung auf synthetischem Gummi wären Untersuchungen in einem Biofilmreaktor in Anlehnung an das so genannte „Robbins Device" (McCoy et Costerton 1982) oder in Anlehnung an das Mini-Plant nach von Rége und Sand (von Rége et Sand 1996, Sand et von Rége 1999) hilfreich, um zeigen zu können, ob dreidimensionale Biofilme auf den Materialien aufwachsen und deren Eigenschaften untersuchen zu können. Es wäre außerdem wichtig, systematisch zu untersuchen, mit welchen Mikroorganismen in der Praxis Gummimaterialien in Trinkwassertransportleitungen besiedelt sind.

Ob NR möglicherweise von allen oder vielen chemoorganotrophen Mikroorganismen abgebaut werden kann, bedarf weiterer intensiver Untersuchungen. Die in dieser Arbeit evaluierten Methoden können genutzt werden, um weitere Organismen und neuentwickelte Gummimaterialien in Bezug auf mikrobielle Materialzerstörung zu bewerten. Um abschießend beweisen zu können, dass synthetischer Gummi z. B. EPDM und SBR mikrobiell zerstört werden kann, müssten in Anlehnung an die Arbeiten zu NR (Rose et Steinbüchel 2005, Tsuchii et Takeda 2006, Arensköter et al. 2008, Bröker et al. 2008, Schulte et al. 2008, Yikumis et al. 2008) Abbauprodukte isoliert und identifiziert werden. Im Weiteren müsste untersucht werden, ob ähnliche Enzyme wie beim Abbau von NR und synthetischem Poly(*cis*-1,4-isopren) auch beim Abbau synthetischen Gummis relevant sind. Wahrscheinlich ist, dass durch die Strukturähnlichkeit von NR und SR ähnliche Abbauprozesse ablaufen. Da bei der mikrobiellen Materialzerstörung von Beton (Sand 1987, Sand et Bock 1991) und Gummi durch Devulkanisation (Holst et al. 1998, Christiansson 1998, Nowaczyk et Domka 1999, Fliermans 2002, Neumann 2007) Bakterien der Gattung *Acidithiobacillus* eine entscheidende Rolle spielen, wäre es interessant, parallel Beton- und Gummizerstörung zu erforschen.

Damit könnte ein neues Forschungsfeld „Mikrobielle Biofilmbildung und Materialzerstörung von synthetischem Gummi" eröffnet werden. Ein Ziel könnte sein, ein biotechnologisches Verfahren zu entwickeln, welches zur Entsorgung und Recycling von Gummiabfällen beiträgt (Holst et al. 1998, Arenskötter et al. 2003, Marin et al. 2004). Hierbei scheint die Kombination der Prozesse Devulkanisation und Endospaltung am viel versprechendsten.

5. Zusammenfassung

In wasserführenden Systemen wie Trink- und Abwassertransportleitungen werden Gummi-Dichtungen als zentrales Bauelement eingesetzt. Bezüglich der chemischen und mikrobiellen Beständigkeit sind diese Dichtungsmaterialien eine Schwachstelle in den Rohrleitungssystemen. Dies ist darauf zurückzuführen, dass Gummi ein Naturstoff bzw. in seiner synthetischen Form ein naturverwandtes Material ist. Solche Materialien sind potenziell anfällig für mikrobielle Besiedlung und Materialzerstörung.

Um zu untersuchen, ob synthetische Gummimaterialien mikrobiell besiedelt und zerstört werden können, wurden verschiedene praxisrelevante Laborversuche entwickelt und durchgeführt. Als Testmaterialien kamen dabei Gummimaterialien dreier Industrieunternehmen zum Einsatz, die zur Herstellung von Dichtungen für Trink- und Abwassertransportsystemen eingesetzt werden. Es wurden Oberflächenbewuchs- und Hemmstoffversuche sowie Anheftungsversuche durchgeführt. Die Visualisierung angehefteter Zellen erfolgte mittels Atomic Force Microscopy (AFM = Rasterkraftmikroskopie) und Fluoreszenzmikroskopie. Es wurden Wachstumsversuche mit Gummi als einziger Energie- und Kohlenstoffquelle durchgeführt und von den mit Gummi angezüchteten Bakterien Fettsäurespektren aufgenommen. Außerdem erfolgten Abbauversuche mit den verschiedenen Gummimaterialien

Die Resultate dieser Untersuchungen sind nachfolgend zusammengefasst:

- Gummi abbauende Mikroorganismen können quantitativ an verschiedene praxisrelevante Gummimaterialien anheften. Zum ersten Mal konnten Gummi abbauende Mikroorganismen (*Gordonia westfalica*, *Gordonia polyisoprenivorans*) mit dem AFM visualisiert werden, die an verschiedene Gummimaterialien angeheftet waren.

- Es wurde nachgewiesen, dass verschiedene Mikroorganismen mit Gummi als einziger Energie- und Kohlenstoffquelle wachsen können und hierbei typische Wachstumsverläufe mit logarithmischer Wachstumsphase, Plateauphase sowie Absterbephase zeigen.

- Erstmals wurde eine DGGE-basierte molekularbiologische Kulturkontrolle artifizieller Bakterienkonsortien aus vier Mikroorganismenspezies während des Gummiabbaus mit Gummi als einziger Energie- und Kohlenstoffquelle etabliert

- Von dem Gummi abbauenden Bakterium *Gordonia polyisoprenivorans* wurden zum ersten Mal Fettsäurespektren während des Wachstums mit synthetischem Gummi als einziger Energie- und Kohlenstoffquelle aufgenommen. Dieses Spektrum unterschied sich signifikant von Spektren, die von Bakterienkulturen aufgenommen wurden, die mit einer leicht verfügbaren Kohlenstoff- und Energiequelle wie Glukose angezüchtet worden sind. Diese Resultate zeigen, dass sich der mikrobielle Stoffwechsel an die Anforderungen des Gummiabbaus adaptieren konnte.

➢ Erstmals konnte mikrobieller Abbau von vulkanisierten, synthetischen Gummimaterialien mit praxisrelevanten Testmaterialien nachgewiesen werden. Es wurden statistisch signifikante Gewichtsreduktionen innerhalb von 3 Monaten von bis zu 10 % nachgewiesen. Die Abbauraten sind organismen- und materialabhängig deutlich unterschiedlich. Die Ergebnisse zeigen, dass Bakterien aus der Familie der Actinomyceten z. B. *Gordonia polyisoprenivorans* aber auch der bekannte Infektionserreger *Pseudomonas aeruginosa* und der Schimmelpilze *Aspergillus tamarii* synthetische Gummimaterialien wie EPDM und SBR abbauen können.

➢ Es wurde außerdem aus Trinkwasser mit Gummi als einziger Energie- und Kohlenstoffquelle das human-pathogene Bakterium *Roseomonas mucosa* isoliert.

6. Literatur

- **Adair FW, Geftic SG, Gelzer J, Hoffmann H-P.** Effect of a hostile environment on *Pseudomonas aeruginosa*. Transactions New York Academy of Science, 1971: 799-813.
- **Angove SN, Pillai NM.** Preservation of NR Latex Concentrate, Part III - Evaluation of Various Organo-Zinc Compunds as Secondary Preservatives. Transactions 1965, 41: 41-48.
- **April TM, Foght JM, Currah RS.** Hydrocarbon-degrating filamentous fungi isolated from flare pit soils in nothern and western Canada. Canadian Journal of Microbiology 2000, 46/1: 38-49.
- **Arenskötter M, Baumeister D, Berekaa MM, Pötter G, Kroppenstedt RM, Linos A, Steinbüchel A.** Taxonomic characterization of two rubber-degrading bacteria belonging to the species *Gordonia polyisoprenivorans* and analysis of hyper variable regions of 16S rDNA sequences. FEMS Microbiology Letters 2001, 205/2: 277-282.
- **Arenskötter M, Baumeister D, Bröker D, Hölker U, Ibrahin EMA, Lenz J, Rose K, Steinbüchel A.** Entwicklung eines Biotechnologischen Verfahrens zur Stofflichen Wiederverwertung Kautschukhaltiger Rest- und Abfallstoffe. Transkript Biokatalyse Sonderband 2003: 28-32.
- **Arenskötter M, Baumeister D, Bröker D, Ibrahim EMA, Rose K, Steinbüchel A.** Mikrobieller Abbau von Natur- und Synthesekautschuk. BIOforum 3/2002: 124-126.
- **Arenskötter M, Bröker D, Steinbüchel A.** Biology of the Metabolically Diverse Genus *Gordonia*, Applied and Environmental Microbiology 2004. 70/6: 3195-3204.
- **Arenskötter Q, Heller J, Dietz D, Arenskötter M, Steinbüchel A.** Cloning and Characterization of α-Methlacyl Coenzyme A Racemase from Gordonia polyisoprenivorans VH2. Applied and Environmental Microbiology, 2008, 74/22: 7085-7089.
- **Atagana HI, Ejechi BO, Ayilumo AM.** Fungi associated with Degradation of Wastes from Rubber Processing Industry. Environmental Monitoring and Assessment 1999, 55: 401-408.
- **Banh Q, Arenskötter M, Steinbüchel A.** Establishment of Tn5096-Based Transposon Mutagensis in *Gordonia polyisoprenivorans*. Applied and Environmental Microbiology 2005, 71/9: 5077-5084.
- **Becker H, Gross H.** Über die Widerstandsfähigkeit makromolekularer Werkstoffe gegen mikrobiellen Angriff (Ein Übersichtsbericht). Material und Organismen 1974, 9/2: 81-131.
- **Becker H, Gross H.** Untersuchungen zum Schimmelpilzbewuchs auf Dichtstoffen. Adhäsion 2. Mitteilung 1979, 11: 338-339.
- **Beneke K.** Auszug aus: Über 70 Jahre Kolloid-Gesellschaft. Gründung, Geschichte Tagungen (mit ausgesuchten Beispielen der Kolloidwissenschaften). Beiträge zur Geschichte der Kolloidwissenschaften, V. Mitteilungen der Kolloid-Gesellschaft, 1996.
- **Berekaa MM.** Colonization and Microbial Degradation of Polyisoprene Rubber by Nocardioform Actinomycete *Nocardia* sp. Strain MBR. Biotechnology 2006, 5/3: 234-239.
- **Berekaa MM, Barakaat A, El-Sayed AM, El-Aassar SA.** Degradation of Natural Rubber by *Achromobacter* sp. NRB and Evaluation of Culture Conditions. Polish Journal of Microbiology 2005, 54/1: 55-62.

- **Berekaa MM, Linos A, Reichelt R, Keller U, Steinbüchel A.** Effect of pretreatment of rubber material on its biodegradability by various rubber degrading bacteria. FEMS Microbiol Lett 2000, 184: 199-206.
- **Berger I, Schiffers A, Voß P.** Gummierungsschäden durch Mikroorganismen in Aktivkohlefiltern zur Trinkwasseraufbereitung. Wasser – Abwasser gwi 1993, 134/2: 102-105
- **Bertrand G.** Lectures on India Rubber, London 1909, 200.
- **Blahnik P, Zanova B.** Mikrobiologicheskaya korroziya, Moskva, 1965, Izd. Khimiya.
- **Blake JT, Kitchin DW.** Effect of Soil microorganisms on rubber isolation. Ind. Eng. Chem. 1949, 41: 1633-1641.
- **Blake JT, Kitchin DW, Pratt OS.** Failures of rubber isolation caused by soil microorganisms. Trans. Am. Inst. Elec. Engrs., 69: 748-754.
- **Blake JT, Kitchin DW, Pratt OS.** The microbial deterioration of rubber isolation. Trans. Am. Inst. Elec. Engrs. 1953, 72: 321-328.
- **Blake JT, Kitchin DW, Pratt OS.** The microbial deterioraton of rubber isulation. Appl. Microbiol. 1955, 3: 35-39.
- **Blanc DS, Pittet D, Ruef C, Widmer AF, Muhlemann K, Petignat C, Harbarth S, Auckenthaler R, Bille J, Frei R, Zbinden R, Peduzzi R, Gaia V, Khamis H, Bernasconi E, Francioli P.** Epidermiology of methicillin-resistant *Staphylococcus aureus*: results of a nation-wide survey in Switzerland. Swiss Med Weekly 2002, 132/17-18: 223-229.
- **Bode HB, Kerkhoff K, Jendrossek D.** Bacterial Degradation of Natural and Synthetic Rubber. Biomacromolecules 2001, 2: 295-303.
- **Bode HB, Zeeck A, Plückhahn K, Jendrossek D.** Physiological and Chemical Investigations into Microbial Degradation of Synthetic Poly(cis-1,4-isoprene). Applied and Environmental Microbiology 2000, 66/9: 3680-3685.
- **Bögemann M.** Zur Geschichte und Bedeutung der organischen Vulkanisationsbeschleuniger. Angewandte Chemie 51(8), ISSN 0044-8249, 1938: 113-115.
- **Borel M, Kergomard A, Renard MF.** Degradation of Natural Rubber by *Fungi imperfecti*. Agric. Biol. Chem. 1982, 46/4: 877-881.
- **Braaz R.** Dissertationsarbeit: Poly(cis-1,4-Isopren) Oxygenase (RoxA): Identifizierung, Isolierung, Charakterisierung, Kristallisation und Reaktionsmechanismus einer neuartigen extrazellulären Dioxygenase. Institut für Mikrobiologie der Universität Stuttgart, 16.12.2005.
- **Braaz R, Armbruster W, Jendrossek D.** Heme-Dependent Rubber Oxygenase RoxA of *Xanthomonas* sp. Cleaves the Carbon Backbone of Poly(cis-1,4-Isoprene) by a Dioxygenase Mechanism. Applied and Environmental Microbiology 2005, 71/5: 2473-2478.
- **Braaz R, Fischer P, Jendrossek D.** Novel Type of Heme-Dependent Oxygenase Catalyzes Oxidative Cleavage of Rubber (Poly-cis-1,4-Isoprene). Applied and Environmental Microbiology 2004, 70/12: 7388-7395.
- **Bredberg K, Persson J, Christiansson M, Stenberg B, Holst O.** Anaerobic desulfurization of ground rubber with the thermophilic archaeon *Pyrococcus furiosus* – a new method for rubber recycling. Appl Microbiol Biotechnol 2001, 55: 43-48.
- **Brill F.** Diplomarbeit: Auswirkungen unterschiedlicher Anzuchtsbedingungen auf die Empfindkeit von Bakterien gegen Biozide. Universität Hamburg, Insitut für Allgemeine Botanik, Abteilung Mikrobiologie 2002.
- **Brill H.** Schutz von Materialien vor mikrobieller Zerstörung. Werkstoffe und

Korrosion 1990; 41: 73-75.
- **Brill H.** Mikrobielle Materialzerstörung und Materialschutz – Schädigungsmechanismen und Schutzmaßnahmen. Gustav Fischer Verlag 1995, ISBN 3-334-60940-5, Jena, Stuttgart.
- **Brill H, Brill F.** Technische Konservierung. In Wallhäußers Praxis der Sterilisation, Desinfektion, Antiseptik und Konservierung – Qualitätssicherung der Hygiene in Industrie, Pharmazie und Medizin. Herausgeber A Kramer und O Assadian, Thieme Verlag Stuttgart 2008, ISBN-13: 9783131411211.
- **British Standard 7874.** Method of Test for Microbiological Deterioration of Elastomeric Seals for Joints in Pipework and Pipelines. 1998.
- **Bröker D, Arenskötter M, Legatzki A, Nies DH, Steinbüchel A.** Characterization of the 101-Kilobase-Pair Megaplasmid pKB1, Isolated from the Rubber-Degrading Bacterium *Gordonia westfalica* Kb1. Journal of Bacteriology 2004, 186/1: 212-225.
- **Bröker D, Dietz D, Arenskötter M, Steinbüchel A.** The Genomes of the Non-Clearing-Zone-Forming and Natural-Rubber-Degrading Species *Gordonia polyisoprenivorans* and *Gordonia westfalica* Habour Genes Expressing LcP Activity in Streptomyces Strains. Applied and Environmental Microbiology 2008, 74/8: 2288-2297.
- **Bröker D, Steinbüchel A.** Megaplasmid pKB1 of the Rubber-Degrading Bacterium *Gordonia westfalica* Strain Kb1. Microbiol Monogr, doi: 10.1007/7171_2008_1, Springer Verlag Berlin Heidelberg, 2008: 297-309.
- **Brunauer S, Emmett PH, Teller E.** Adsorption of Gases in Multimolecular Layers. Journal of the American Chemical Society, 1938, 60, 309-319.
- **Camper AK.** Coliform regrowth and biofilm accumulation in drinking water systems: a review. In: Biofouling and biocorrosion in industrial water systems (G. G. Geesey, M. Lewandowski, H.-C. Flemming, eds.), Lewis Publishers, Boca Raton, 1994.
- **Chandrashekar KR, Sridhar KR, Kaveriappa KM.** Palatability of rubber leaves colonized by aquatic hyphomycetes. Archives Hydrobiology 1989, 115/9: 363-369.
- **Characklis WG.** Attached microbial growth – I. Attachment and growth. Water Res. 1973a; 7: 1113-1127.
- **Characklis WG.** Attached microbial growth – I. Frictional resistance due to microbial slimes. Water Res. 1973 b; 7: 1249-1258.
- **Cherian E, Jayachandran K.** Microbial Degradation of Natural Rubber Latex by a novel Species of *Bacillus* sp. SBS[25] isolated from Soil. Int. J. Environ. Res 2009, 3/4: 599-604.
- **Christakis GB, Perlorentzou S, Alexaki P, Megalakaki A, Zarkadis IK.** Central line-related Bacteraemia due to Roseomonas mucosa in a Neutropenic Patient with acute myeloid leukaemia in Piraeus, Greece. Journal of Medical Microbiology 2006, 55: 1153-1156.
- **Christiansson M, Stenberg B, Wallenberg LR, Holst O.** Reduction of Surface Sulphur upon Microbial Devulcanization of Rubber Materials. Biotechnology Letters 1998, 20/7: 637-642.
- **Civas A, Eberhard R, Le Dizet P, Petek F.** Glycosidases induced in Aspergillus tamarii – Mycelial α-D-Galactosidases. Biochem. J. 1984, 219: 849-855.
- **Colbourne JS, Pratt DJ, Smith MG, Fisher-Hoch SP, Harper D.** Water Fittings as Sources of *Legionella Pneumophila* in a Hospital Plumbing System. The Lancet 1984, 323/8370: 210-213.
- **Cohn LA, Weber A, Phillips T, Lory S, Kaplan S, Smith A.** *Pseudomonas aeruginosa* infection of respiratory epithelium in a cystic fibrosis xenograft model. Jour-

nal Infect Dis 2001, 183/6: 919-927.
- **Costerton JW, Cheng K-J, Geesey GG, Ladd TI, Nickel JC, Dasgupta M, Marrie TJ.** Bacterial biofilms in nature and disease. Ann. Rev. Microbiol. 1987; 41: 435-464.
- **Costerton JW, Irvin RT:** The bacterial glycocalyx in nature and disease. Ann. Rev. Microbiol. 1981; 35: 299-324.
- **Connolly RA.** Soil Burial of Materials and Structures, In: Biodeterioration of materials (Eds. Walters HH, van der Plas EH), Applied Sciences Publications, London 1972, 168-178.
- **Cundell AM, Mulcock AP.** Microbiological Deterioration of Vulcanized Rubber, International Biodeterioration Bulletin 1972, 8/4: 119-125.
- **Cundell AM, Mulcock AP.** The Effect of Curing Agent Concentration on the Microbiological Deterioration of Vulcanized Natural Rubber. International Biodeterioration Bulletin 1973, 9/4: 91-94.
- **Cundell AM, Mulcock AP.** Microbiological Deterioration of Natural Rubber Pipe-joint Rings. Material und Organismen 1973, 8/3: 165-177.
- **Cundell AM, Mulcock AP.** The Biodegradation of Vulcanized Rubber, Chapter 8 In: Developments in Industrial Microbiology: A Publication of the Society for Industrial Microbiology, Washington D.C., 1975, 88-96
- **Cundell AM, Mulcock AP.** Effects of Microbiocides on the Microbiological Deterioration of Vulcanized Natural Rubber, Chapter 32 In: Developments in Industrial Microbiology: A Publication of the Society for Industrial Microbiology, Washington D.C., 1975, 253-257.
- **Cundell AM, Mulcock AP.** Influence of Curing System on the Microbiological Deterioration of Vulcanized Natural Rubber. New Zealand Journal of Science 1976, 19: 291-295.
- **Cundell AM, Mulcock AP, Hills DA.** The Influence of Antioxidants and Sulphur Level on the microbiological deterioration of vulcanized NR. Rubber Journal 1973: 22-35.
- **Davies DG, Parsek MR, Pearson JP, Costerton JW, Greenberg EP.** The Involvement of Cell-to-Cell Signals in the Development of a Bacterial Biofilm. Science 1998, 280/5361: 295-298.
- **De I, Rolston KV, Han XY.** Clinical significance of *Roseomonas* species isolated from catheter and blood samples: analysis of 36 cases inpatients with cancer. Clin. Infect. Dis. 2004,38: 1579–1584.
- **De Lucca AJ.** Harmful Fungi in both Agriculture and Medicine. Rev. Iberoam. Micol. 2007, 24: 3-13.
- **De Prijck K, Nelis H, Coenye T.** Efficacy of silver-releasing rubber for the prevention of *Pseudomonas aeruginosa* biofilm formation in water. Biofouling 2007, 23/6: 405-411.
- **DIN 53501.** Kautschuk und Elastomere, 1980.
- **DIN 53739** (Entwurf). Prüfung von Kunststoffen – Einfluss von Pilzen und Bakterien, Visuelle Beurteilung, Änderung der Massen oder der physikalischen Eigenschaften, Februar 1993.
- **DIN 58940.** Empfindlichkeitsprüfung von mikrobiellen Krankheitserregern gegeben Chemotherapeutika, 1999.
- **DIN EN ISO 1629.** Kautschuk und Latices – Einteilung, Kurzzeichen (ISO 1629: 1995), 2004.
- **DIN EN ISO 846.** Kunststoffe - Bestimmung der Einwirkung von Mikroorgansimen auf Kunststoffe (ISO 846:1997); Deutsche Fassung EN ISO 846:1997

- **Diehl KH.** Biozide in wäßrigen Anstrichsystemen und unsere Umwelt. Farbe +Lack 1986; 92: 193 - 195.
- **Doležel B.** 5. Biologische Schädigung von Polymeren, In: Die Beständigkeit von Kunststoffen und Gummi (Herausgeber Prof. Dr. von Meysenberg), Carl Hauser Verlag München, Wien 1979, 631-663.
- **Dubok NN, Angert LG, Ruban GI.** Study of the Fungus-Resistance of Rubber, mix ingredients and vulcanisates. Soviet Rubber Technology 1971, 30/17: 17-20.
- **Dunlop Rubber Co. Ltd.** British Patent 663 273, 1950: Composite products of rubber and textile material.
- **Dunlop Rubber Co. Ltd.** British Patent 675 200, 1950: Articles having am improved resistance to microbial attack.
- **Dunlop Rubber Co. Ltd.** British Patent 685 614, 1954: Quaternary ammonium salts and articles containing them.
- **Dunlop Rubber Co. Ltd.** British Patent 750 513, 1954: Composite products of natural or synthetic rubber and textile material.
- **DVGW e.V.** (Deutsche Vereinigung des Gas- und Wasserfaches e.V.). Arbeitsblatt W 270: Vermehrung von Mikroorganismen auf Werkstoffen für den Trinkwasserbereich – Prüfung und Bewertung/The growth of microorganisms on materials intended for use in drinking water systems – examination and assessment. 11/1999.
- **DVGW e.V.** (Deutsche Vereinigung des Gas- und Wasserfaches e.V.). Arbeitsblatt W 270: Vermehrung von Mikroorganismen auf Werkstoffen für den Trinkwasserbereich – Prüfung und Bewertung. 11/2007.
- **EG 1998.** Trinkwasserrichtlinie 98/83/EG vom 03.11.1998.
- **Eckhardt FEW.** Solubilization, transport, and deposition, of mineral cations by microorganisms – efficient rock weathering agents. In: Drever, J. I. (Ed.): The chemistry of weathering. D. Reidel Publishing Company 1985 a: 161-173.
- **Eckhardt FEW.** Mechanisms of the microbial degradation of minerals in sandstone monuments, medieval frescoes, and plaster. Proceedings Fifth International Congress on Deterioration and Conservation of Stone. Lausanne 1985 b: 643-652.
- **Engels H-W, Weidenhaupt H-J, Pieroth M, Hofmann W, Menting K-H, Mergenhagen T, Schmoll R, Uhrland S.** Rubber, 4. Chemicals and Additives, Wiley-VCH Verlag GmbH & Co. KgaA, Weinheim, 1-67, 2007.
- **European Federation of Corrosion**, Publications Number 9 1992: Microbiological Degradation of Materials - and Methods of Protection. The Institute of Materials, London.
- **Faber MD, Nickerson WJ.** Growth of Microorganisms on Insoluable Polymers Transformation of Automobile Tires. Biotechnology Letters 1979, 1/3: 121-126.
- **Fisher SG, Lerman LS.** Length-independent separation of DNA restriction fragments in two dimensional gel electrophoresis. Cell 1979, 16: 191-200.
- **Fisher SG, Lerman LS.** DNA fragments differing by single basepair substitutions are seperated in danaturing gradient gels: correspondence with melting theory. Proc. Natl. Acad. Sci., 1983, 80: 1579-1583.
- **Flemming H-C.** Biofilme und mikrobielle Materialzerstörung. In: Brill, H. (Hrsg.): Mikrobielle Materialzerstörung und Materialschutz. Gustav Fischer Verlag 1995 ISBN 3-334-60940-5, Jena, Stuttgart.
- **Flemming H-C.** Biofouling in water systems – cases, causes, countermeasures. Appl. Microbiol. Biotechnol. 2002; 59: 629-640.
- **Flemming H-C, Percival S, Walker JT.** Contamination potential of biofilms in drinking water distribution systems. Wat. Sci. Technol, Wat. Supply 2002, 2: 271-280.

- **Flemming, H-C, Schaule G.** Biofouling, In: Heitz, E., H.-C. Flemming, W. Sand (Hrsg.), Microbial Influenced Corrosion of Materials 1996, Springer Verlag, Berlin, Heidelberg: 39-54.
- **Flemming H-C, Wingender J.** Biofilme – die bevorzugte Lebensform der Bakterien. Biologie in unserer Zeit 2001; 31/3: 169-179.
- **Flemming H-C, Wingender J.** Was Biofilme zusammenhält. Chemie in unserer Zeit 2002; 36/1: 30-42.
- **Fliermans CB.** US-Patent No.: US 6,479,558 B1: Microbial Processing of Used Rubber, 2002.
- **Foster, T.** Staphylococcus. Medmicro Chapter 12, 2000 http://gsbs.utmb.edu/ microbook/ch012.htm.
- **Francolini I, Donelli G, Stoodley P.** Polymer designs to control Biofilm growth on medical devices. Reviews in Environmental Science and Bio/Technology 2003, 2: 307-319.
- **Frensch K, Hahn J-U, Levsen K, Niessen J, Schöler HF, Schoenen D.** Koloniezahlerhöhungen in einem Trinkwasserbehälter verursacht durch Lösemittel des Anstrichmaterials. Zentralbl. Bakteriol. Hyg. 1987, 184: 556–559.
- **Fudalej PS, Zyska BJ, Fudalej DS, Kuczera MH.** Mechanism of Microbial Deterioration of Natural Rubber Vulcanizates. International Biodegradation Syposium, London 1976, 347-355.
- **Fusconi R, Godinho MJL, Hernández ILC, Bossolan NRS.** Gordonia polyisoprenivorans from Groundwater Contaminated with langfill Leachate in a Subtropical Area: Characterization of the Isolate and Exopolysaccharide Production. Brazilian Journal of Microbiology 2006, 37: 168-174.
- **Geets J, Borremans B, Diels L, Springael D, Vangronsveld J, van der Lelie D, Vanbroekhoven, K.** DsrB gene-based DGGE for community and diversity-surveys of sulfate-reducing bacteria. Journal of Microbiological Methods 2006, 66: 194–205.
- **Geldorf H.** Resistances of Natural und Synthetic Rubber against Microbiological Attack. Technical Seminar, Indian Rubber Manufacturers Research Association 1964, 89-97.
- **Gerhardy K.** Vermehrung von Mikroorganismen auf Werkstoffen für den Trinkwasserbereich – Prüfung und Bewertung. Energie Wasserpraxis 3/2007: 72.
- **Goodyear C.** US-Patent US 3 633 "Improvement in India-Rubber Fabrics, 1839.
- **Goto T, Wicklow DT, Ito Y.** Aflatoxin and Cyclopiazonic Acid Production by a Sclerotium-Producing *Aspergillus tamarii* Strain. Applied and Environmental Microbiology 1996, 62/11: 4036-4038.
- **Graham DJ, Taysum DH.** Preservation of Rubber Latex, United States Patent No. 3100235, August 1963.
- **Gundermann KO, Rüden H, Sonntag H-G.** Lehrbuch der Hygiene. Gustav Fischer Verlag 1991 ISBN 3-437-00593-6, Stuttgart, New York.
- **Hagerop van Eijs FG, Aben WJ.** Microbial Degradation Resistance of Natural Rubber Vulcanizates: Test Method and Physocal-Mechanical Experiments. Polymer Testing 1991, 10: 145-154.
- **Hambleton P, Broster MG, Dennis PJ, Henstridge R, Fitzgeorge R, Conlan JW.** Survival of virulent *Legionella pneumophila* in aerosols. Journal of Hygiene, Cambridge 1983, 90: 451-460.
- **Hamilton WA.** Sulfate-reducing bacteria and anaerobic corrosion. Ann. Rev. Microbiol. 1985; 33: 195-217.
- **Hancock T.** UK-Patent DT 9 952, 1843.

- **Hanstveit AO, Gerritse GA, Scheffers WA.** A Study of the Biodeterioration of Vulcanized Rubber Pipe-Seals Exposed to Inoculated Tap Water. NR Technology 1988, 19/3: 50-58.
- **Harneit K, Göksel A, Koch D, Klock J-H, Gehrke T, Sand W.** Adhesion to metal sulfide surfaces by cells of *Acidithiobacillus ferrooxidans*, *Acidithiobacillus thiooxidans* and *Leptospirillum ferrooxidans*. Hydrometallurgy 2006, 83: 245-254.
- **Hazzard GF, Kuster EC.** Fungal and Corrosion Resistance of Serveral Intregral Tank Lining Materials. Journal of the Royal Aeronautical Society 1965, 69: 869-875.
- **Heap WM, Morrell SH.** Microbiological Deterioration of Rubbers and Plastics. Journal of Applied Chemistry 1968, 18: 189-194.
- **Heinisch KF, Nadarajah M, Muthukuda DS.** Preservation of Sheet Rubber Against Mould Part 2 – Mould Growth on Smoked Sheet. Quarterly Journal of Rubber Research Institute of Cylon 1961, 38: 40-46.
- **Heinisch KF, Nadarajah M.** Preservation of sheet rubber against mould. Quarterly Journal of Rubber Research Institute of Cylon 1961, 37: 43.
- **Heinisch KF, Kuhr P.** The growth of fungi on rubber. Arch. Rubbercult., 34: 1.
- **Heisey RM, Papadatos S.** Isolation of Microorganisms Able To Metabolize Purified Natural Rubber. Applied and Environmental Microbiology 1995, 61/8: 3092-3097.
- **Heitz E, Flemming H-C, Sand W.** Microbially Influenced Corrosion of Materials. Springer-Verlag 1996, ISBN 3-540-60432-4.
- **Holmes CJ, Evans RC, Vonesh E.** Application of an empirically dervided growth curve model to characterize *Staphylococcus epidermidis* biofilm development on silicone elastomer. Biomaterials 1989, 10: 625-629.
- **Holst O, Stenberg B, Christiansson M.** Biotechnological Possibilities for Waste Tyre-Rubber Treatment. Biodegradation 1998, 9: 301-310.
- **Hugot.** Le Caoutchouc et la Guttapercha, T. 4. 1907, 1414.
- **Ibrahim EMA, Arenskötter M, Luftmann H, Steinbüchel A.** Identification of Poly(*cis*-1,4-Isoprene) Degradation Intermediates during Growth of Moderately Thermophilic Actinomycetes on Rubber and Cloning of a Functional *lcp* Homologue from *Nocardia farcinica* Strain E1. Applied and Environmental Microbiology 2006, 72/5 : 3375-3382.
- **IRSG (International Rubber Study Group).** Rubber Statstical Bulletin Vol. 63, Nr. 7 – 9, 2009.
- **James GA, Swogger E, Wolcott R, de Lancey Pulcini E, Secor P, Sestrich J, Costerton JW, Stewart PS.** Biofilms in Chronic Wounds. Wound Repair and Regeneration 2008, 16: 37-44.
- **Jendrossek D, Reinhardt S.** Sequence Analysis of a Gene Product Synthesized by *Xanthomonas sp.* During Growth on Natural Rubber Latex. FEMS Microbiology Letters 2003, 224: 61-65.
- **Jendrossek D, Tomasi G, Kroppenstedt RM.** Bacterial Degradation of Natural Rubber: A Privilege of *Actinomycetes*? FEMS Microbiology Letters 1997, 150: 179-188.
- **John CK, Nadarajah M, Lau CM.** Microbiological Degradation of *Havea* Latex and its Control. J Rubb. Res. Inst. Malaysia 1976, 24/5: 261-271.
- **Kalinenko VO.** The Role of *Actinomycetes* and Bacteria in Decomposing Rubber. Mikrobiologiya (USSR) 1938, 17: 119-128.
- **Kayser FH, Bientz KA, Eckert J.** Medizinische Mikrobiologie. Thieme Verlag Stuttgart 2001, 10. überarbeitete Auflage.
- **Kemmling A, Kämper M, Flies C, Schieweck O, Hoppert M.** Biofilms and extracellular matrices on geomaterials. Environmental Geology 2004, 46: 429-435.

- **Kempf VAJ, Schmalzing M, Yassin AF, Schaal KP, Baumeister D, Arenskötter M.** Gordonia polyisoprenivorans Septicemia in Bone Marrow Transplant Patient. Eur. J. Clin. Microbiol. Infect. Dis. 2004, 23: 226-228.
- **Kilb B, Lange B.** Trinkwasserkontamination durch Biofilme auf weich dichtenden Absperrschiebern. Bbr 2001, 52/7: 55-56.
- **Kilb B, Lange B, Schaule G, Flemming H-C, Wingender J.** Contamination of drinking water by coliforms from biofilms grown on rubber-coated valves. International Journal of Hygiene and Environmental Health 2003, 206: 563-573.
- **Kramer A, Assadian O (Hrsg.).** Wallhäußers Praxis der Sterilisation, Desinfektion, Antiseptik und Konservierung, Qualitätssicherung der Hygiene in Industrie, Pharmazie und Medizin, Georg Thieme Verlag Stuttgart, 2008, ISBN 9783131411211.
- **Krumbein WE.** Zur Frage der biologischen Verwitterung: Einfluß der Mikroflora auf die Bausteinverwitterung und ihre Abhängigkeit von edaphischen Faktoren. Z. All. Mikrobiol., 1968; 8: 107-117.
- **Kulman FE.** Microbiological Deterioration of Buried Pipe and Cable Coatings, Corrosion – National Association of Corrosion Engineers May 1958, 213-222.
- **Kuroda M, Ohta T, Uchiyama I, Baba T, Yuzawa H, Kobayashi I, Cui L, Oguchi A, Aoki K, Nagai Y, Lian J-Q, Ito T, Kanamori M, Matsumaru H, Muruyama A, Murakami H, Hosoyama A, Mizutani-Ui Y, Takahashi NK, Sawano T, Inoue R, Kaito C, Sekimizu K, Hirikawa H, Kuhara S, Goto S, Yabuzaki J, Kanehisa M, Yamashita A, Oshima K, Furuya K, Yoshino C, Shiba T, Hattori M, Ogasawara N, Hayashi H, Hiramatsu K.** Whole genome sequencing of metichillin-*resistant Staphylococcus aureus*. The Lancet 2001, 357/9264: 1225-1240.
- **Kwiatkowska D, Zyska BJ.** Changes in Natural Rubber Vulcanizates Due to Microbial Degradation. IN: Biodeterioration: Selected papers presented at the 7th International Biodeterioration Symposium, Cambridge UK 6.-11.09.1987, Editor DR Houghton, London 1988 ISBN 1-85166-221-9: 575-578.
- **Kwiatkowska D, Zyska BJ, Zankowicz LP.** Microbiological Deterioration of Natural Rubber Sheet by Soil Microorganisms. 4. International Biodeterioration Syposium Berlin 1980, 135-141.
- **Lane DJ.** 16S/23S rRNA sequencing Nucleic acid techniques in bacterial systematics. In: E. Stackebrandt and M. Goodfellow (ed.). Academic Press, Chichister, England, 1991: 115-175.
- **Larsen MKS, Thomson TR, Moser C, Hoiby N, Nielsen PH.** Use of cultivation-dependent and –independent techniques to assess contamination of central venous catheters: a pilot study. BMC Clinical Pathology 2008, 8: 10.
- **Lazâr V, Ioachimescu M.** Contributions to the Study of Rubber Biodeterioration, II. Reaearches concerning the Fungus Resistance of Ingredients used in the Rubber Industry. Revue Roumaine de Biologie/Serie de Botanique 1973,18/4: 227-233.
- **LeChevallier MW.** Coliform regrowth in drinking water: a review. J. Amer. Water. Works Assoc. 1990, 82: 74-86.
- **LeChevallier MW.** Biocides and the current status of biofouling control in water systems. In: Flemming H-C, GeeseyGG (eds) Biofouling and biocorrosion in industrial water systems. Springer, Berlin Heidelberg New York 1991: 113–132
- **LeChevallier MW, Cawthon CD, Lee RG.** Factors Promoting Survival of Bacteria in Chlorinated Water Supplies. Applied and Environmental Microbiology 1988, 54/3: 649-654.
- **Leeflang KWH.** Microbiological Degradation of Rubber. American Water Works Association 1963, 53/12: 1523-1535.

- Leeflang KWH. Biologic Degradation of Rubber Gaskets used for sealing pipe joints. American Water Works Association 1968, 60/9: 1070-1076.
- Lehtolaa MJ, Miettinena IT, Keinänen MM, Kekkia TK, Laineb O, Arja Hirvonenc A, Vartiainen T, Martikainenc PJ. Microbiology, chemistry and biofilm development in a pilot drinking water distribution system with copper and plastic pipes. Water Research 2004, 38: 3769-3779.
- Lengeler JW, Drews G, Schlegel HG (Herausgeber). Biology oft he Prokaryotes. Thieme Stuttgart New York 1999, 1. Ausgabe, ISBN-3-13-108411-1.
- Le Pecq JB, Paoletti C. A new fluorometric method for RNA and DNA determination. Anal. Biochem.,17, 1966: 100–107.
- Levinson W, Lawetz E. Medical Microbiology & Immonology. International Student Editon. McGraw-Hill 2000.
- Linos A, Berekaa, MM, Steinbüchel A, Kim KK; Spröer C, Kroppenstedt RM. Gordonia westfalica sp. nov., a novel rubber-degrading actinomycete. Int. Journal of Systematic and Evolutionary Microbiology 2002, 52, 1133-1139.
- Linos A, Berekaa MM, Reichelt R, Keller U, Schmitt J, Flemming H-C, Kroppenstedt RM, Steinbüchel A. Biodegradation of cis-1,4-Polyiroprene Rubbers by Distinct Actinomycetes: Microbial Strategies and Detailed Surface Analysis. Applied and Environmental Microbiology 2000 (a), 66/4: 1639-1645.
- Linos A, Reichelt R, Keller U, Steinbüchel A. A gram-negative Bacterium, Identified as *Pseudomonas aeruginosa* AL98, is a potent degrader of natural rubber and synthetic cis-1,4-polyisopren. FEMS Microbiology Letters 2000 (b), 182: 155-161.
- Linos A, Steinbüchel A. Investigations on the Microbial Breakdown of Natural and Synthetic Rubbers. DECHEMA Monographs Vol. 133 – VCH Verlagsgesellschaft 1996: 279-286.
- Linos A, Steinbüchel A. Microbial degradation of natural and synthetic rubbers by novel bacteria belonging to the genus *Gordinia*. Kautsch. Gummi Kunstst 1998, 51: 496-499.
- Linos A, Steinbüchel A, Spröer C, Kroppenstedt RM. Gordonia polyisoprenivorans sp. nov., a rubber-degrading actinomycete isolated from automobile tyre. Int. Journal of Systematic Bacteriology 1999, 49, 1785-1791.
- Low FC, Tan AM, John CK. Microbial Degradation of Natural Rubber. J. nat. Rubb. Res. 1992, 7/3: 195-205.
- Lugauskas A, Prosychevas I, Levinskaité L, Jaskelevič. Physical and Chemical Aspects of Long-Term Biodeterioration of Some Polymers and Composites. Biodeterioration of Polymers 2004: 318-328.
- Mack D, Becker P, Chatterjee I, Dobinsky S, Knobloch JKM, Peters G, Rohde H, Herrmann M. Mechanisms of Biofilm formation in *Staphylococcus epidermidis* and *Staphylococcus aureus*: functional molecules, regulatory circuits, and adaptive responses. International Journal of Medical Microbiology 2004: 294: 203-212.
- Madigan MT, Martinko JM. Brock Mikrobiologie, 11. aktualisierte Auflage. Pearson Studium München 2009, ISBN 978.3.8273-7358-8.
- Maldonado L, Hookey JV, Ward AC, Goodfellow M. *Nocardia salmonicida* clade, including descriptions of *Nocardia cummidelens* sp. nov, *Nocardia fluminea* sp. nov. and *Nocardia soli* sp. nov. Antonie van Leeuwenhoek 2000, 78: 367-377.
- Mansch R, Bock E. Biodeterioration of natural stone with special reference to nitrifying bacteria. Biodegradation 1998, 9/1: 47-64.
- Marin R, Moulton-Patterson L, Mulé R, Paparian M, Peace C, Washington C. Evaluation of Waste Tire Devulcanization Technologies. Report to the Waste Management Board of the State of California from CalRecovery, Inc. December 2004,

Publication #622-04-008.
- **Marshall KC.** Microbial adhesion and aggregation. Dahlem Workshop Reports. Life Sciences Research Report 31 1984, Springer-Verlag, Stuttgart, New York.
- **Marshall KC.** Biofilms: An Overview of bacterial adhesion, activity, and control at Surfaces. ASM News 1992; 58: 202-207.
- **Marshall KC, Stout R, Mitchell R.** Mechanism of the initial events in the sorption of marine bacteria to surfaces. J. Gen. Microbiol. 1971; 68: 337-338.
- **McCoy WF, Costerton JW.** Fouling Biofilm development in tubular flow systems. Dev. Indust. Microbiol. 1982, 23: 551-558.
- **Moreira FG, Arrias de Lima F, Pedrinho SRF, Lenartovicz V, Marques de Souza CG, Peralta RM.** Production of Amylases by Aspergillus tamarii. Revista de Microbiologia 1999, 30: 157-162.
- **Morris VJ, Kirby AR, Gunning AP.** Atomic Force Microscopy for Biologists. Imperial College Press, December 1999.
- **Muller E.** Current rubber industries situation in Thailand. Rubber Int. Mag 2000, 2: 71-78.
- **Muyzer G, Ramsing NB.** Molecular methods to study the organization of microbial communities. Water Sci. Tech. 1995, 32: 1-9.
- **Muyzer G, Smalla K.** Application of denaturing gel electrophoresis (DGGE) and temperature gel electrophoresis (TGGE) in microbial ecology. Antonie van Leeuwenhoek 1998, 73: 127-141.
- **Muyzer G.** DGGE / TGGE a method for identifying genes from natural ecosystems. Current Opinion in Microbiology 1999, 2: 317-322.
- **Nette IT, Potortseva NV, Koslova EI.** Destruction of Rubber by Micro-Organisms. Mikrobiologiya 1959, 28: 821-825.
- **Neu TR.** Polysaccharide in Biofilmen. In: P. Präve et al. (Hrsg.): Jahrbuch Biotechnologie Band 4; Carl Hanser Verlag 1992, München.
- **Neumann W.** US-Patent 2007/0009997 A1: Process for Surface Activation and/or Devulcanisation of Sulfur-Vulcanized Rubber Particles, 2007.
- **Nickerson WJ.** Microbial Transformations of Naturally Occuring Polymers, Fermentation Advances. American Chemical Society/Division of Microbial Chemistry and Technology, New York 1969: 631-634.
- **Nickerson WJ.** Chapter 24: Decomposition of Naturally-Occuring Organic Polymers. Organic Compounds in agucric environments 1971, 599-609.
- **Nickerson WJ, Faber MD.** Chapter 10: Microbial Degradation and Transformation of Natural and Synthetic Insoluable Polymeric Substances. Developments in Industrial Microbiology: A Publication of the Society for Industrial Microbiology, Washington D.C. USA, 1975, 111-118.
- **Nowaczyk K, Domka F.** Attemps at Microbiological Utilization of Rubber Wastes. Polish Journal of Environmental Studies 1999, 8/2: 101-106.
- **O'Toole G, Kaplan HB, Kolter R.** Biofilm formation as microbial development. Annual Rev. Microbiol. 2000, 54: 49-79.
- **Oiki H, Tsuruta M, Tamura H, Honda T, Takeshita K, Toh M, Mori T, Takeshita T.** The Screening of Bacteria Having the Ability of Decomposing Natural Rubber Serum. Nihon-gomu-ky-okai-shi 2001, 74/1: 25-28.
- **Petzold I, Efer K.** Einfluss der Regeneratanwendung auf die Schimmelpilzbeständigkeit von Plasten und Elasten. Plaste und Kautschuk 1987, 34/8: 297-298.
- **Reszka J, Zyska BJ, Fudalej PS, Reszka KR.** Model Tests on the Mechanisms of Microbial Deterioration of Filled Vulcanizates. 3. Influence of soil Micro-Organisms on the Surface of Natural Rubber Vulcanizates. International Biodeterioration Bulle-

tin 1975, 11/3: 71- 77.
- **Rhines CE, McGavack J.** The Ammonia-Resistant Bacteria Associated with Latex Deterioration. Rubber Age 1954, 75: 852-854.
- **Römpp Lexikon Chemie,** Bände 1 – 6, Herausgeber Jürgen Falbe, Manfred Regnitz, 10. Auflage, Georg Thieme Verlag, 1999.
- **Ronner AB, Wong ACL.** Biofilm Development and Sanitizer Inactivation of *Listeria monocytogenes* and *Salmonella typhimurium* on Stainless Steel and Buna-n Rubber. Journal of Food Protection 1993, 56/9: 750-758.
- **Rook JJ.** Microbiological Deterioration of Vulcanized Rubber. Applied Microbiology 1955, 3: 302-309.
- **Rose K, Steinbüchel A.** Biodegradation of Natural Rubber and Related Compounds: Recent Insights into a Hardly Understood Catabolic Capability of Microorganisms. Applied and Environmental Microbiology 2005, 71/6: 2803-2812.
- **Röthemeyer F, Sommer F.** Kautschuktechnologie - Werkstoffe, Verarbeitung, Produkte. Carl Hanser Verlag München Wien 2006, ISBN-13: 978-3-446-40480-9.
- **Roy RV, Das M, Banerjee R, Bhowmick AK.** Comparative studies on cross-linked and uncrosslinked natural rubber biodegradation by *Pseudomonas* sp. Bioresource Technology 2006 a, 97: 2485-2488.
- **Roy RV, Das M, Banerjee R, Bhowmick AK.** Comparative studies on rubber biodegradation through solid-state and submerged fermentation. Process Biochemistry 2006 b, 41: 181-186.
- **Ruiz-Arribas A, Fernández-Abalos JM, Sánchez P, Garda AL, Santamaría RI.** Overproduction, Purification, and Biochemical Characterization of a Xylase (Xys1) from *Streptomyces halstedii* JM8. Applied and Environmental Microbiology 1995, 61/6: 2414-2419.
- **Rytych BJ.** Fungicides and Bactericides for Use in Rubber. International Biodeterioration Bulletin 1969, 5: 3-8.
- **Sakuragi Y, Kolter R.** Quorum-Sensing Regulation of the Biofilm Matrix Genes (pel) of *Pseudomonas aeruginosa*. Journal of Bacteriology 2007, 189/14: 5383-5386.
- **Sand W.** Importance of Hydrogen Sulfide, Thiosulfate, and Methylmercaptan for Growth of Thiobacilli during Simulation of Concrete Corrosion. Appl Environ Microbiol 1987, 53/7: 1645–1648.
- **Sand W, Bock E.** Biodeterioration of mineral materials by microorganisms - Biogenic sulfuric and nitric acid corrosion of concrete and natural stone. Geomicrobiol. J. 1991; 9: 129-138.
- **Sand W, von Rége H.** Mini-Plant for Simulation of Metal Corrosion and Biofouling for Evaluation of Countermeasures. CORROSION 1999
- **Sato S, Honda Y, Kuwahara M, Kishimoto H, Yagi N, Muraoka K, Watanabe T.** Microbial Scission of Sulfide Linkages in Vulcanized Natural Rubber by a Withe Rot Basidiomycete, *Ceriporiopsis subvermispora*. Biomacromolecules 2004, 5: 511-515.
- **Sato S, Honda Y, Kuwahara M, Watenabe T.** Degradation of Vulcanized and Nonvulcanized Polyisoprene Rubbers by Lipid Peroxidation Catalysed by Oxidative Enzymes and Transition Metals. Biomacromolecules 2003, 4: 321-329.
- **Sato S, Watanabe T, Honda Y, Kuwahara M.** Degradability of Natural and Synthetic Rubber Polymers by The White Rot Fungus, *Cerporiopsis subvermi-spora*. Wood Research 2001, 88: 48-49.
- **Schlegel, HG.** Allgemeine Mikrobiologie. Georg Thieme 1985, Stuttgart, New York.
- **Schoenen D, Dott W.** Über die mikrobielle Besiedlung von Dehnungsfugen eines

Trinkwasserspeichers. Zbl. Bakt. Hyg. 1977, I. Abt. Orig. B 165: 464-470.
- **Schoenen D, Schulze-Röbbecke R, Schirdewahn N.** Mikrobielle Kontamination von Wasser durch Rohr- und Schlauchmaterialien: 2. Mitteilung Wachstum von *Legionella pneumophila*, Zbl. Bakt. Hyg. 1988, B 165: 326-332.
- **Schoenen D, Thofern E.** Mikrobielle Besiedlung von Auskleidungsmaterialien und Baustoffen im Trinkwasserbereich: 6. Mitteilung: Experimentelle Untersuchung von Chlorkautschukanstrichen unter Praxis- und Laboratoriumsbedingungen. Zbl. Bakt. Hyg 1981, I. Abt. Orig. B 193: 197-203.
- **Schoenen D, Wehse A.** Mikrobielle Kontamination des Wassers durch Rohr- und Schlauchmaterialien: 1. Mitteilung: Nachweis von Koloniezahlveränderungen. Zbl. Bakt. Hyg. 1988, B 186: 108-117.
- **Schofield GM, Locci R.** Colonization of components of a model hot water system by *Legionella pneumophila*. Journal of Applied Bacteriology 1985, 58: 151-162.
- **Sommer F.** 3. Füllstoffe, Vernetzungsmittel, Additive. IN: Röthemeyer F, Sommer F. Kautschuktechnologie - Werkstoffe, Verarbeitung, Produkte. Carl Hanser Verlag München Wien 2006, ISBN-13: 978-3-446-40480-9.
- **Schopf, JW, Hayes JM, Walker MR.** Evolution on earth's earliest ecosystems: recent progress and unsolved problems. In: J. W. Schopf (Ed.), Earth's Earliest Biosphere: Ist Origin and Evolution. Princeton Univ. Press., 1983: 361-384.
- **Schulte C, Arenskötter M, Berekaa MM, Arenskötter Q, Prifert H, Steinbüchel A.** Possible Involvement of an Extracellular Superoxide Dismutase (SodA) as a Radical Scavenger in Poly (cis-1,4-Isopren) Degradation. Applied and Environmental Microbiology 2008, 74/24: 7643-7653.
- **Seal KJ.** The biodeterioration and biodegradation of naturally occurring and synthetic plastic polymers. Biodeterioration Abstracts 1988, 2/4: 295-317.
- **Serralta VW, Harrison-Balestra C, Cazzaniga AL, Davies SC, Mertz PM.** Lifestyles of Bacteria in Wounds: Presence of Biofilms? Wounds 2001, 13/1: 29-34.
- **Shavandi M, Sadeghizadeh M, Zomorodipour A, Khajeh K.** Biodesulfurisation of Dibenzothiophene by recombinant Gordonia alkanivorans RIPI90A. Bioresource Technology 2009, 100/1: 475-479.
- **Sheffield VC, Cox DR, Myers RM.** Attachment of a 40-bp GC rich sequence (GC-clamp) to genomic DNA fragments by polymerase chain reaction results in improved detection of single-base changes. Proc. Natl. Acad. Sci. USA 1989, 86: 232-236.
- **Sheffield VC, Beck JS, Stone EM, Myers RM.** A simple and efficient method for attachment of a 40-base pair, GC-rich sequence to PCR-amplified DNA. Bio. Techniques 1992, 12: 386-387
- **Shirling EB, Gottlieb D.** Cooperative Description of Type Cultures of *Streptomyces*. II Species Description from First Study. International Journal of Systematic Bacteriology 1968, 18/2: 69-189.
- **Simpson KE.** Biodegradation of Natural Rubber Vulcanisates. International Biodeterioration 1988, 24: 307-312.
- **Shum KC, Wren WG.** Observations on Bacterial Activity in Natural Rubber Latex – Plate Counts of Latex Bacteria on a Supplement Medium. J. Rubb. Res. Inst. Malaysia 1977, 25/2: 69-80
- **Siegert W.** Keimen keine Chance lassen. Farbe + Lack 1993; 99: 37-39.
- **Siegert W, Brill H.** Prüfung der antimikrobiellen Ausrüstung von Putzen. Farbe + Lack 1985; 91: 193-195.
- **Simhi E, van der Mei HC, Ron EZ, Rosenberg E, Busscher HJ.** Effect of the adhesive antibiotic TA on adhesion and initial growth of *E. coli* on silicone rubber.

FEMS Microbiology Letters 2000, 192: 97-100.
- **Simmann J, Jentsch F, Havemeister G.** Untersuchungen zum Bewuchs auf Schwimmbaddehnungsfugen aus dauerelastischem Kunststoff. Zbl. Bakt. Hyg. 1977 I. Abt. Crig. B 164: 559-566.
- **Simor AE, Ofner-Agostini M, Bryce E, Green K, McGeer A, Mulvey M, Paton S.** The evolution of methicillin-resistant *Staphylococcus aureus* in Canadian hospitals: 5 years of national surveillance. CMAJ 2001, 165/1: 21-26.
- **Söhngen NL, Fol JG.** Die Zersetzung des Kautschuks durch Mikroben. Zentralblatt Bakteriol., Parasiten., Infektionskr. 1914, 40: 87-98.
- **Spence D.** Koll. Zeitschrift, Bd. 4 1909, 70.
- **Spence D, Van Niel CB.** Bacterial Decomposition of the Rubber in Hevea Latex. Industrial and Engineering Chemistry 1936, 28/7: 847-850.
- **Staub GM, Dowd PF, Gloer JB, Wicklow DT.** United States Patent No 5,162,331 1992, Aspernomie, an Antiinsectan Metabolite.
- **Stoodley P, Sauer K, Davies DG, Costerton JW.** Biofilms as Complex Differentiated Communities. Annu. Rev. Microbiol. 2002, 56: 187-209.
- **Stover CK, Pham XQ, Ewin AL, Mizoguchi SD, Warrener R, Hickey MJ, Brinkman FS, Hufnagle WO, Kowalik DJ, Lagrou M, Garber RL, Goltry L, Tolentino E, Westbrock-Wadman S, Yuan Y, Brody LL, Coulter SN, Folger KR, Kas A, Larbig K, Lim R, Smith K, Spencer D, Wong GK, Wu Z, Paulsen IT, Reizer J, Saier MH, Hancock RE, Lory S, Olsen MV.** Complete genome sequence of *Pseudomonas aeruginosa* PA01, an opportunistic pathogen. Nature 2000, 406/6799: 959-964.
- **Summerbell RC.** Taxonomy and Ecology of *Aspergillus* species Associated with colonizing Infections of the Respiratory Tract. Immonology and Allergy Clinics of North America 1998, 18/1: 549-573.
- **Taylor BP, Eggins HOW.** Biodeterioration, Reports on the Progress of Applied Chemistry/Society of Chemical Industry 1968, 53: 412-421.
- **Taysum DH.** Microbiological deterioration of latex and raw rubber. Society of Chemical Industry monograph 1966, 23: Microbiological determination in the tropics, 105-120.
- **Teske A, Alm E, Regan JM, Toze S, Rittmann BE, Stahl DA.** Evolutionary relationships among ammonia- and nitrite-oxidizing bacteria. J. Bacteriol. 1994, 176: 6623-6630.
- **Thaysen AC, Bunker HJ, Adams ME.** "Rubber Acid" Damage in fire hoses. Nature 1945, 155: 322-325.
- **Thiel V, Jenisch A, Wörheide G, Löwenberg A, Reitner J, Michaelis W.** Midchain branched alkanoic acids from "living fossil" demosponges: a link to ancient sedimentary lipids? Organic Geochemistry 1999: 30, 1-14.
- **Thofern E, Schoenen D.** Das mikrobiologische Verhalten und die Beurteilung von Werkstoffen. DVGW-Schriftenreihe Wasser Nr. 31, Eschborn 1982: 283-297.
- **Thofern E, Schoenen D, Schoenen R.** Mikrobielle Besiedlung von Auskleidungsmaterialien und Baustoffen im Trinkwasserbereich: 1. Mitteilung: Langzeitbeobachtungen eines Bitumenanstrichs in einem Reinwasserbehälter. Zbl. Bakt. Hyg, 1978, I. Abt. Orig. B 167: 303-313.
- **Thomas V, Herrera-Rimann K, Blanc DS, Greub G.** Biodiversitiy of Amoebae and Amoeba-Resisting Bacteria in a Hospital Water Network. Applied and Environmental Microbiology 2006, 72/4: 2428-2438.

- **Todar K.** *Pseudomonas aeruginosa.* Bacteriology 330 Home Page. University of Wisconsin-Madison 2000. www.bact.wisc.edu/MicrotextBook/disease/ pseudomonas.html.
- **Trachoo N.** Biofilms in food industry. Songklanakarin J. Sci. Technol. 2003, 25/6: 807-815.
- **TrinkwV 1990.** Verordnung über Trinkwasser und Wasser für Lebensmittelbetriebe (Trinkwasserverordnung – TrinkwV), vom 05.12.1990, BGBl. I: 2613-2629.
- **TrinkwV 2001.** Verordnung über die Qualität von Wasser für den menschlichen Gebrauch (Trinkwasserverordnung – TrinkwV 2001), Ausfertigungsdatum 21.05.2001, BGBl. I: 959, geändert durch Artikel 363 der Verordnung vom 31.10.2006 (BGBl. I: 2407).
- **Tripetchkul S, Tonokawa M, Ishizaki A.** Ethanol Production by *Zymomonas mobilis* Using Natural Rubber Waste as a Nutritional Source. Journal of Fermentation and Bioengineering 1992, 74/6: 384-388.
- **Tseng YC, Chiu YC, Wang JH, Lin HC, Su BH, Chiu HH.** Nosocomial bloodstream infection in a neonatal intensive care unit of a medical centre: a three year review. Journal Microbiological Immunology Infection, 2002, 35/3: 168-172.
- **Tsuchii A, Hayashi K, Hironiwa T, Matsunaka H.** The Effect of Compounding Ingredients on Microbial Degradation of Vulcanized Natural Rubber. Journal of Applied Polymer Science 1990, 41: 1181-1187.
- **Tsuchii A, Suzuki T, Takahara Y.** Microbial Degradation of *cis*-1,4-Polyisoprene. Agric. Biol. Chem. 1979, 43/12: 2441-2446.
- **Tsuchii A, Suzuki T, Takeda K.** Microbial Degradation of Natural Rubber Vulcanizates. Applied and Environmental Microbiology 1985, 50/4: 965-970.
- **Tsuchii A, Takeda K.** Rubber-Degrading Enzyme from a Bacterial Culture. Applied and Environmental Microbiology 1990, 56/1: 269-274.
- **Tsuchii A, Tokiwa Y.** Colonization and Disintegration of Tire Rubber by a Colonial Mutant of *Nocardia*. Journal of Bioscience and Bioengineering 1999, 87/4: 542-544.
- **Tsuchii A, Tokiwa Y.** Microbial Degradation of Tyre Rubber Particles. Biotechnology Letters 2001, 23: 963-969.
- **Tsuchii A, Tokiwa Y.** Microbial Degradation of the Natural Rubber in Tire Tread Compound by a Strain of *Nocardia*. J Polym Environ 2006, 14: 403-409.
- **Tobudic S, Lassnigg A, Kratzer C, Graninger W, Presterl E.** Antifungal activity of amphotericin B, caspofungin and posaconazole on Candida albicans biofilms in intermediate and mature development phases. Mycoses February 2009.
- **Upsher FJ, Upsher CM.** Catalogue of the Australian National Collection of Biodeterioration Microfungi. Department of Defense, Defence Science and Technology Organisation, DSTO Aeronautical and Maritime Research Laboratory Melbourne, Australia 1995.
- **Van der Kooij D.** Chapter 11: Managing regrowth in drinkingwater distribution systems, In: World Health Organization (WHO) 2003: "Heterotrophic Plate Counts and Drinking-water Safety", edited by J. Bartram, J. Cotruvo, M. Exner, C. Fricker, A. Glasmacher. Published by IWA Publishing, London, UK. ISBN: 1 84339 025 6. 11: 199-232.
- **Van Loosdrecht MCM, Norde W, Lyklema J, Zehnder AJB.** Hydrophobic and electrostatic parameters in bacterial adhesion. Aquatic Sciences 1990 a; 52: 103-114.
- **Van Loosdrecht MCM, Lyklema J, Norde W, Zehnder AJB.** Influence of interfaces on microbial activity. Water Sci. Techn. 1990 b; 15: 75-87.
- **Verma P, Brown JM, Nunez VH, Morey RE, Steigerwalt AG.** Native Valve Endocarditis Due to *Gordonia polyisoprenivorans*: Case Report and Review of Litera-

- ture of Bloodstream Infections Caused by *Gordonia* Species. Journal of Clinical Microbiology 2006, 44/5: 1905-1908.
- **Von Rége H, Sand W.** Simulation of metal-MIC for evaluation of countermeasures. Materials and Corrosion (Germany) 1996, 47/9: 486-494.
- **Wallhäußer KH.** Praxis der Sterilisation - Desinfektion - Konservierung. Georg Thieme 1988, Stuttgart, New York.
- **Wallström S, Dowling K, Karlsson S.** Development and comparision of test methods for evaluating formation of biofilms on silicons. Polymer Degradation and Stability 2002, 78: 257-262.
- **Waring MJ.** Complex formation between ethidium bromide and nucleic acids. J. Mol. Biol. 1965, 13: 269-282.
- **Warneke S, Arenskötter M, Tenberge KB, Steinbüchel A.** Bacterial degradation of poly(*trans*-1,4-isoprene) (gutta percha). Microbiology 2007, 153: 347-356.
- **Warscheid T, Petersen K, Krumbein WE.** Die Besiedlung unterschiedlicher Sandsteine durch chemoorganotrophe Bakterien und deren Einfluß auf den Prozeß der Gesteinszerstörung. Z. Deut. Geol. Ges. 1989; 140: 209-217.
- **Williams GR.** The Breakdown of Rubber Polymers by Microorganisms. International Biodeterioration Bulletin ISSN 0020-6164 1982, 18/2: 31-36.
- **Williams GR.** The Effect of Both Powdered and Liquid Rubber Additives on the Growth of Soil Microorganisms. International Biodeterioration 1984, 20/3: 173-175.
- **Williams GR.** The Biodeterioration of Rubbers. In: Biodeterioration and Biodegadation of Plastics and Polymers, Biodeterioration Society, September 1985: 37-50.
- **Williams GR.** The Biodeterioration of Vulcanized Rubbers. International Biodeterioration 1986, 22/4: 307-311.
- **Wingender J, Flemming H-C.** Contamination potential of drinking water distribution network biofilms. Water Science and Technology 2004, 49/11-12: 277-186.
- **Lee Wong AC.** Biofilms in Food Processing Environments. J Dairy Sci 1998, 81: 2765-2770.
- **Yang XH, Xu XH, Huang XY.** Clinical study on nosocomial infection in patients with burns. Hunan Yi Ke Da Xue Bao, 2000, 25/4: 388-390.
- **Yikmis M, Arenskötter M, Rose K, Lange N, Wernsmann H, Wiefel L, Steinbüchel A.** Secretion and Transcriptional Regulation of the Latex-Clearing Protein, Lcp, by the Rubber-Degrading Bacterium *Streptomyces* sp. Strain K30. Applied and Environmental Microbiology 2008, 74/17: 5373-5382.
- **Zobell LE, Beckwith JD.** The Deterioration of Rubber Products by Micro-Organisms. American Water Works Association New York 1944, 46: 439-452.
- **Zobell LE, Grant CW.** The bacterial oxidaton of rubber. Science 1942, 96: 379-380.
- **Zyska BJ.** 11. Rubber. In: Economic microbiology volume 6, Microbial Biodeterioration (Editor A. Rose), Academiy Press 1981, London, 323-379.
- **Zyska BJ.** Microbial Deterioration of Rubber. In: Biodeterioration: Selected papers presented at the 7th International Biodeterioration Symposium, Cambridge UK 6.-11.09.1987, Editor DR Houghton, London 1988 ISBN 1-85166-221-9: 535-552.
- **Zyska BJ, Fudalej PS, Rytych BJ.** Model Test on the Mechanisms of Microbial Deterioration of Filled Vulcanizates. 1. Influence of Pseudomonas sp. on the System Paraffin Oil-Carbon Black, International Biodeterioration Bulletin 1971, 7/4: 155-159.

7. Abkürzungsverzeichnis

AFM	Atomic Force Microscope (= Rasterkraftmikroskop)
Aqua dem.	Demineralisiertes Wasser
ATCC	American Type Culture Collection, Manassas, USA
CSA	Caseinpepton-Sojamehlpepton-Agar
d	Tag/e
DAPI	4',6-Diamin-2'-phenylindol-dihydrochlorid
DGGE	Denaturierende Gradientengelelektrophorese
DSM	Deutsche Sammlung von Mikroorganismen und Zellkulturen GmbH (DSMZ), Braunschweig, Deutschland
EPDM	Ethylen-Propylen-Dien-Kautschuk
EPS	Extrazelluläre polymere Substanzen
FAME	Fettsäure-Methylester
FÜ	Testmaterial der GKT Gummi- und Kunststofftechnik Fürstenwalde GmbH
GC	Gaschromatographie
GC-MS	Gaschromatographie mit gekoppelter Massenspektrometrie
GK	Testmaterial der KRAIBURG GmbH & Co. KG, Waldkraiburg
GYM	GYM Streptomyces-Medium
KBE	Kolonie bildende Einheiten
MEA	Malzextrakt-Agar
MIC	Microbial Influenced Corrosion (= mikrobiell beeinflusste Korrosion)
NCBI	National Center for Biotechnology Information, Bethesda, USA
NBR	Nitril Butadien Rubber (= Acrylnitril-Butadien-Kautschuk, kurz Nitril-Kautschuk)
NR	Natural Rubber (= Naturkautschuk)
PCR	Polymerase Chain Reaction (= Polymerase-Kettenreaktion)
PH	Testmaterial der Phoenix AG, Hamburg
SBR	Styrol-Butadien-Rubber (= Styrol-Butadien-Kautschuk)
TBSA	Tuberkulostearinsäure
Upm	Umdrehungen pro Minute

Die VDM Verlagsservicegesellschaft sucht für wissenschaftliche Verlage abgeschlossene und herausragende

Dissertationen, Habilitationen, Diplomarbeiten, Master Theses, Magisterarbeiten usw.

für die kostenlose Publikation als Fachbuch.

Sie verfügen über eine Arbeit, die hohen inhaltlichen und formalen Ansprüchen genügt, und haben Interesse an einer honorarvergüteten Publikation?

Dann senden Sie bitte erste Informationen über sich und Ihre Arbeit per Email an *info@vdm-vsg.de*.

Sie erhalten kurzfristig unser Feedback!

VDM Verlagsservicegesellschaft mbH
Dudweiler Landstr. 99
D - 66123 Saarbrücken

Telefon +49 681 3720 174
Fax   +49 681 3720 1749

www.vdm-vsg.de

Die VDM Verlagsservicegesellschaft mbH vertritt

Printed by Books on Demand GmbH, Norderstedt / Germany